和大師學電繪藝術

Art Fundamentals 2nd edition

U0072910

楓葉社

每售出一本書
就種一棵樹

Our Pledge

自2020年起，3dtotal出版社藉著與復育林地的慈善機構合作或捐出相當程度的款項，宣示我們每售出一本書就種一棵樹。這是我們以碳平衡出版物轉變為碳平衡公司的第一步，讓我們的客戶知道只要購買3dtotal出版社的出版物，您就會與我們一同平衡因為出版、運送、零售業造成的環境危害。

目錄

引言

　　歡迎你打開這本書。無論你的技巧程度、選用的媒材、個人風格、描繪主題、或是靈感來源，了解藝術的通用原理都是成功的要素。抱持這個理念，我們集結了更多素描和繪畫界的專家們來示範這些概念。雖然藝術的原理和基礎不變，學習和表現方法卻總是能推陳出新。

　　我們先從最基本的主題談起——光。沒有光，我們就根本無法創作出藝術。澈底了解光能夠讓你強調形狀，塑造特定的氛圍，加強構圖，甚至左右觀者的情緒。

　　當然，接下來的主題是顏色。在這個版本中有許多更新過的圖解，能使新手畫家以更容易理解、更視覺化的方法學習這個主題。已經入門的畫家們也可以透過詳細解剖新畫作得到許多資訊。

　　構圖背後的原理與科學有關，包括數學、物理，甚至是生物。這一章裡有許多精確註釋的比較圖，除了向你解釋這些原理能夠應用在創作中之外，更能加強你的藝術概念，達到令人印象深刻的效果。

　　在過去，擁有各種技巧程度的畫家們都致力於在平面畫板上傳達出立體世界，而能幫助你達成的工具就是透視和景深，我們利用更新過的深入圖解和圖像來討論這兩個主題。和本書中其他工具結合起來之後，你將能輕易創作出令人神往的畫面。

　　無論你的創作風格是細緻具體或者概念式，紮實的解剖認知都對你非常有幫助。本書加上了新的圖畫，包括頭部和臉孔的模特兒，能夠為這一章增添更多實用的訊息，使你在處理創作裡的人形時更有信心。

　　從頭逐章閱讀，或是在有需要的時候再鑽研本書的特定建議，你都可以將書裡的基礎和自己的創作靈感結合起來，使你的畫作更進步，更具震撼力。

瑪莉莎・李維斯
3dtotal 出版社編輯

實際應用基礎……

要知道如何實際應用你所了解的理論時，可以參考本書裡的《實際應用基礎……》頁面。這些頁面裡都是詳細的專業案例，有些是正在繪製的作品，有些則是完成後的作品，並且由繪製者本人解說。

繪圖©本書各章中提供畫作的畫家們

光&形狀

尚‧雷易&吉爾‧貝洛伊

創作畫面之前，首要考慮的的關鍵概念就是光線帶來的效果。光不只是建構畫作的其中一個元素，而是基礎元素——基礎中的基礎。沒有光，就沒有畫面。光塑造出我們眼中所見的任何物件，形成我們對顏色和形狀的認知基石。光可以是構圖中大膽強烈或比較低調的組成部分，因此了解如何使用、重現、操控光線來創造不同效果是相當重要的。

在這一章裡，我們會先探索歷史上幾幅具有代表意義的畫作，看看畫家如何處理光線。然後我們會更進一步研究藝術家們用來理解光線的詞彙和原理，引導你進入視覺概念的精髓，比如明暗和形狀。在看完這一章之後，你會對光線有紮實的了解，懂得它如何影響一幅畫面和觀者，以及如何藉著在腦中計畫光線、明暗、形狀，使畫作更具力道。

藝術史：時間裡的光

我們可以透過許多不同角度來檢視藝術史，其中一個是畫作裡的光。觀察不同時期中的光線處理手法，能幫助我們這些現代藝術家們作出如何在自己的畫作中使用光線的重要抉擇。讓我們先迅速研究歐洲藝術史中兩種截然不同的光線表現手法。

卡拉瓦喬：
銜接新舊兩個歐洲

在欣賞米開朗基羅・梅里西・達・卡拉瓦喬（Michelangelo Merisi da Caravaggio，1571-1610）的畫作時，我們會深深被他筆下的光線所震撼，明亮的光線如利刃一般劃過他的畫，迫使觀者著眼於光線中富有戲劇性的細節，周遭背景卻幾乎被黑暗淹沒，如圖01的《茱蒂絲斬殺荷羅孚尼》（約1599年）。與他同時代的畫家們相比，卡拉瓦喬使用的明亮光線和陰暗背景可說過於強烈，但是在我們的眼中卻很現代。

那麼究竟是什麼原因造成這種風格上的創新？雖然卡拉瓦喬的大部分生平仍然是一個謎，進一步研究他的繪畫主題，能夠讓我們一窺他的美學概念演變。當時社會大眾和宗教政治界能接受他對比強烈的畫風，代表那時正展開一股較大的潮流——允許大幅脫離傳統的潮流。這股潮流終將形成後人所知的「宗教改革」，基督教世界裡發生了勢如破竹的變動，並在天主教地區促成反宗教改革勢力。卡拉瓦喬的祖國義大利境內的天主教勢力根深蒂固，官方對畫家的期待與挑戰是要藉著福音的故事來吸引民眾，阻擋新教勢力進攻。在宗教改革之前的藝術多著重於說教式的聖經場景，此時只好退位，由卡拉瓦喬所描繪的驚心動魄的基督教畫面取代。

因此，卡拉瓦喬使用光線的高超技巧，以及畫中光線帶有的現代感，大幅呈現在他以人像表現的心理式場景中（圖02）。這種與其前輩畫家的不具時代感，甚至帶著些許漠然的手法迥然不同——如此的成就勢必得透過巧妙運用光線達成。

▲ 圖01 卡拉瓦喬《茱蒂絲斬殺荷羅孚尼》（約繪於1599年）

▲ 圖02 卡拉瓦喬《蜥蜴咬傷的少年》（約繪於1600年）

▲ 圖03 莫內《打陽傘的女人——莫內夫人和她的兒子》（約繪於 1875 年）

▲ 圖04 莫內《維特伊》（1879年）

印象派：視覺的寫實理論

印象派也與卡拉瓦喬及其追隨者一樣，持有與眾不同的看法。當印象派在十九世紀末形成之時，巴黎的學院派畫家正盛行描繪歷史和神話中的場景。

包括克勞德·莫內（1840-1926）和皮耶·奧古斯特·雷諾瓦（1841-1919）在內的印象派畫家選擇遠離環境受到控制的畫室，在大自然中捕捉光線和不斷變化的光線形體。他們的著眼點進而引導他們在室外作畫，將繪畫主題自偉大的歷史場景轉向田園風光和日常生活（圖03和04）。

這種由神話轉向日常生活風景的改變，乃因為印象派畫家身處的時代，正經歷自然科學的發展演變。

十九世紀出現了許多業餘博物學家們開始探索眼前的世界。光線的本質和作用被這些大感新奇的眼睛觀察之後加以解析，以期獲得新知。博物學家探索光線使用的工具箱，到了印象派畫家手裡就換成了畫筆。

印象派可以被視為具象派藝術代表性的轉移；在這個轉移中，也許是頭一次，藝術家們以科學角度審視光線，以及它照亮周遭世界的現象。

我們這個時代的光線

將前面兩個例子合起來之後，能幫助我們理解到，我們其實也利用光線來反映我們的時代，無論是否出於刻意安排。在開始這一章之前，我們可以問自己一個很好的問題：「是什麼影響我們如何使用光線？」

我們使用的智能工具以及攝影如何低調地──或是強烈地──影響我們在自己的作品中呈現光？如同卡拉瓦喬和印象派畫家，這些問題的答案是非常個人的，但是也有可能反映出我們這個世界裡的大趨勢。圖05（下一頁）是以數位軟體為電玩創作的畫面，而不是使用油彩和畫布，但是藉著光線和陰影將觀者拉近畫面的目的並無差別。

對藝術家來說，光在概念和應用上同等重要，本章會同時研究這兩個面向。你將能學到如何從原理上了解光，傳統和數位畫家又是如何應用它，以及在作品中應用這些概念時必須具備的技巧。

「對藝術家來說，
光在概念上和應用上
同等重要」

圖05 現今許多娛樂事業中都看得到畫家的身影，他們為電影、動畫、電視、電玩、以及出版物創作藝術作品

▲ 圖06 吉爾・貝洛伊繪製的氛圍背景圖

光的語言

　　雖然創作有一部分是不受規則限制，但仍然有基本的準則和通用的概念能幫助藝術家們創作視覺感強烈的畫面。知道這些準則和定律，能夠讓你更清楚理解創作過程，也會變成你的藝術實驗的基礎，幫你打造自己的思考和繪畫原理。在進一步探討特定技巧之前，這個單元會先定義用來形容光的通用語彙。

明暗

　　我們第一個考慮的概念是明暗。在討論藝術時，**明暗**描述的是畫作中明亮和黑暗的範圍。討論畫面中的光線時，其實明暗比顏色更重要。無論畫面風格寫實與否，你都必須先了解明暗才能著手描繪畫面。無論何種渲染方式都需要考慮明暗，以及較亮或較暗的部位配置。

　　假使你拿一張有明顯明暗區間的彩色圖像（**圖06**），移除其中的顏色，那張圖像就會完全變成灰階圖像（**圖07**）。反之，若是拿掉畫面中的明暗區隔，只留下顏色，就會難以辨認畫裡的物體（**圖08**）。

「無論何種
渲染方式都
需要考慮明暗，
以及較亮或較暗
的部位配置」

▲ 圖07 以純粹的灰階檢視時，雖然畫面沒有顏色，我們仍然可以完整看出景物的明暗度

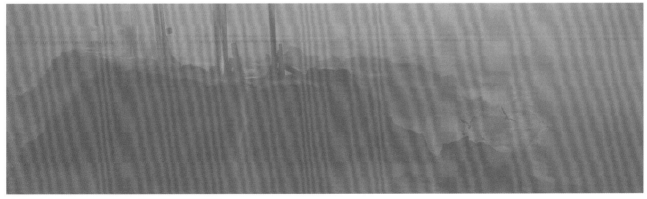

▲ 圖08 少了強烈的明暗度，景物變得難以辨認

▲ 圖09這幅吉爾・貝洛伊的作品表現出強烈又明顯的明暗平衡

明亮和黑暗的區塊

　　明暗對於畫作的整體設計也有舉足輕重的效果。如果想塑造某個特定的氛圍或視覺衝擊，你就必須將主題物件的明暗區塊以合理的手法組織起來。**圖09**是將明亮和黑暗區塊之間的平衡用比較複雜而且明顯的方式畫出來。當這幅畫被轉化為灰階時（**圖10**），畫面仍然清晰可辨。假使將它完全轉成黑白畫面，明暗的組織會變得更清晰（**圖11**）。

　　我們將黑白版本更進一步簡化，就能看到**圖12**近似抽象的色塊，明亮和黑暗的色塊仍然清晰、形狀多樣、具衝擊力。黑色區塊占主導地位，引導觀者的眼睛移向細節較多的明亮區塊。

▲ 圖10 移除顏色後，景物仍然清晰可辨

▲ 圖11 純粹的黑白，使明暗度的平衡更清楚

▲ 圖12 簡化細節之後，畫面中富有能量的結構仍然存在

▲ 圖13 太多類似的元素會削弱明暗形狀的個性

　　相較之下，**圖13**裡的明亮和黑暗區塊的形狀比較接近，配置方式也幾乎是對稱的。這裡並沒有主導的明暗區塊，形狀少有變化，整張圖的比例太規律，容易使觀者感到厭倦。這幾個例子突顯了明暗和形狀之間的相互關係重要性，我們會在**第47頁**進一步探討。

單薄的明暗設定

強烈的明暗設定

▲ 圖14強烈的明暗設定能決定一幅畫作的成功或失敗

明暗度對畫面的影響

在開始一幅畫面之前，你必須問自己以下這幾個重要的問題，釐清你想用光線和明暗度表現出何種氛圍。

- 光線條件為何？是白天還是夜晚？陰天還是有霧？有沒有任何塵霾或空氣汙染？
- 光線來源為何？舉例來說，是手電筒還是太陽？
- 光源強度為何？
- 你想塑造何種情緒？
- 你希望喚起觀者的哪種感覺？

回答這些問題，能讓你在腦海中發展出紮實的畫面基礎，進而開始你的圖。我們強烈建議你在正式動手創造實際的畫面之前，先畫幾個明暗度練習圖。這樣能幫助你了解並且控制明暗之間的平衡，並且讓你實驗不同的明暗度關係。

人眼很喜愛平衡的明暗關係，不正確

或混亂的明暗度能嚴重影響藝術創作的可信度和外觀。清楚界定出作品中大塊簡單的明暗形狀是很重要的——它們是你設計的重心，讓作品具有視覺力量。

你的明暗度設計應該清楚決定光線和陰影的區別；一個有用的規則就是，陰影部分最明亮的區塊應該比完全受光區塊中最暗的部分還暗。

圖14是同樣一幅景物的兩個版本。上面的圖中明暗變化很貧乏；應該明亮的區域卻太暗沉，該暗的部分又太亮，整體看起來骯髒又鬆散，不清爽的氛圍與光源充足的室外環境格格不入。下面的版本是同一個場景，但是明亮和黑暗比較融合，景物形狀很明顯，類似明暗度之間的轉化比較流暢，使得觀者比較容易理解畫面，也比較能產生興趣。

明度表

你之後會漸漸理解必須依照你想利用畫面傳達的效果和情緒來選擇明暗度。

因此手邊最好準備工具及詞彙來測量和分析明暗度。

在現實世界中，明暗度是肉眼可見的最深到最淺的漸層階段，但是在藝術領域裡，我們通常將這條連續的階段分成不同的區塊。你可以將這些區塊想成**陰影**，**高光**，以及**中間調**——也就是低明度，高明度，和兩者之間的中明度。

為了幫助視覺化這一點，許多藝術家會使用**明度表**（**圖15**）。當你在考慮作品中使用的明暗度時，這個工具能夠發揮很大的作用。你可以將明度表想成是替作品定出強反光和陰影中最高和最低的亮度界線，然後在創作過程中決定中間明度。

傳統的明度表包含九種明度，從畫面最深到最亮。這些能夠再分成三種低明度，三種中明度，和三種高明度，或是四個低明度，四個高明度，中間是單一一個中明度。

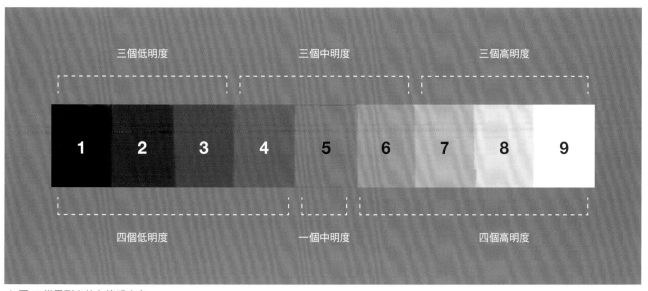

▲ 圖15 從黑到白的九格明度表

顏色和明暗度

「明暗度」這個詞彙並不僅僅用於定義黑白色調之間的漸層灰階——更是為了方便解釋。事實上，每個顏色或主題都有自己的明暗度；比如說，檸檬是黃色的，具有較高的明度。當你用一個顏色畫畫時，必須理解到它的明暗度，才能確保該顏色符合觀者的現實認知。

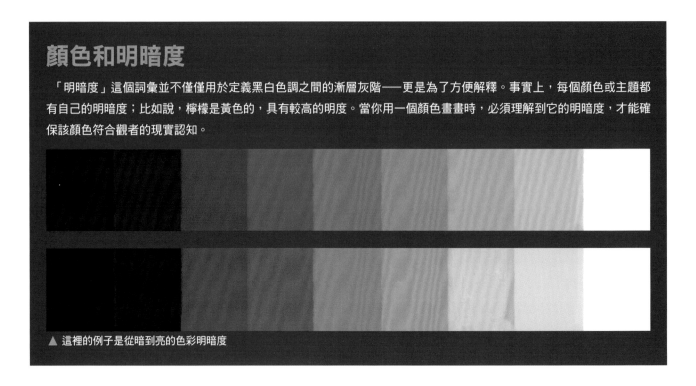

▲ 這裡的例子是從暗到亮的色彩明暗度

高色調，低色調，以及明暗變化

讓我們來看看九個明暗色階能如何應用在計畫和分析一幅畫作上。我們會觀察這幅具備**高色調**和**低色調**採光的畫，這兩者是電影和攝影中常用的詞彙。高色調採光的場景的光線明亮而且均勻，沒有許多深色陰影，低色調採光則強調強烈的對比和深色、戲劇化的明暗。

高低色調會透過變化平衡，也就是畫面中最亮和最暗的部分之間，各種不同的明暗度。具有高明暗變化的畫面會同時呈現明亮範圍中最深的陰影和最亮的高光，而低明暗變化的畫面使用的是彼此接近的明暗度，變化範圍較狹窄。明暗變化是創造**對比**的關鍵，也就是在畫面中使用相對明暗度或色調的方式；具有高度對比的圖使用反差極端的明暗度；至於低對比的圖則具有比較溫和，差異較不戲劇化的明暗度。

以下的四幅圖畫示範的是藉著所限制使用的明暗度範圍，將畫中的主導明暗群組換成高色調或低色調時，就能表現出澈底不同的情緒和對比程度。手法重點在於你想要畫作呈現明度表中的哪端。

現在讓我們來探索一下幾個色調和明暗變化的組合可能：

· 高明暗變化和高色調
· 低明暗變化和高色調
· 高明暗變化和低色調
· 低明暗變化和低色調

以上每一個組合都能創造出迥異的光線和陰影平衡。個別了解它們，能夠幫助你更有效地在畫作中使用明暗度，無論你使用的是數位還是傳統媒材，都能捕捉到不同的情緒氛圍，或者創作出各種程度的戲劇效果。

高明暗變化，高色調

圖16的明暗變化很高：它有黑色的本影和近似白色的高光，所以幾乎所有明暗度都能使用在這幅畫中。畫面本身又屬於高色調，所以大部分的明暗度都是中間調或比較明亮的，如同下方紅色鐘狀曲線所表示。

這個明暗度設定造就出整體看來很明亮的畫作，但是在幾個部分有非常深的暗色調，由於變化範圍不大，使得這些暗色調充滿視覺衝擊效果。

 原作

 灰階

▲ 圖16這幅畫中最常出現的色調是明亮的高色調——如下方鐘形曲線表示——但是有限的低色調變化塑造出強烈的對比

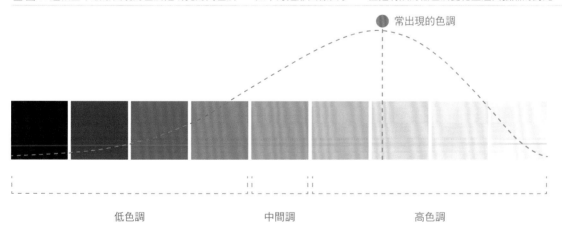

● 常出現的色調

低色調　　　　　中間調　　　　　高色調

使用到的色調　　　　　沒有使用到的色調

完整的色調範圍

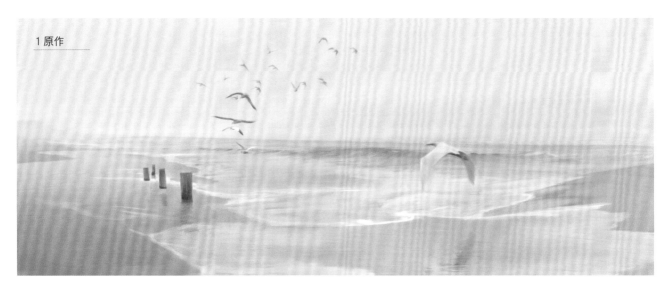

1 原作

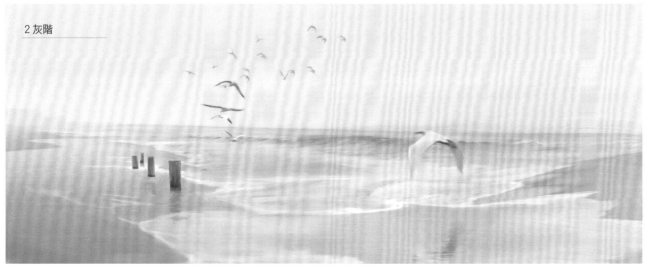

2 灰階

▲ 圖17這幅畫中的整體色調範圍控制在淺灰色區塊,創造出明亮、低對比的效果

高明暗變化,高色調

相較之下,**圖17**的明暗變化程度比較低。圖中仍然使用了九個色調,可是色調之間的變化不明顯;最深的色調是中間色調的灰,最亮的是灰白,沒有使用大量不同的色調。因此,畫面的整體色調介於這兩個類似的灰色之間,呈現出蒼白霧狀的效果。

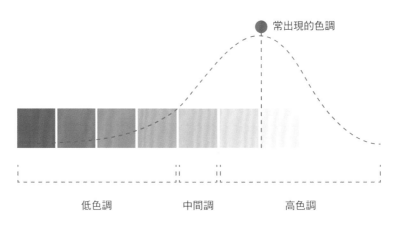

● 常出現的色調

低色調　　　　　中間調　　　　　高色調

沒有使用到的色調　　　　　使用到的色調　　　　　沒有使用到的色調

完整的色調範圍

▲ 圖18這幅吉爾・貝洛伊的創作裡使用了色調量表兩端的色調，但是大部分集中在低色調，營造出強烈、多陰影的畫面

高明暗變化，低色調

圖18使用的大部分是低色調，呈現出黑暗、戲劇化的氛圍；將取自明度表另一端的色調有限地使用在光線明亮的部位，營造活潑有生氣的光源。

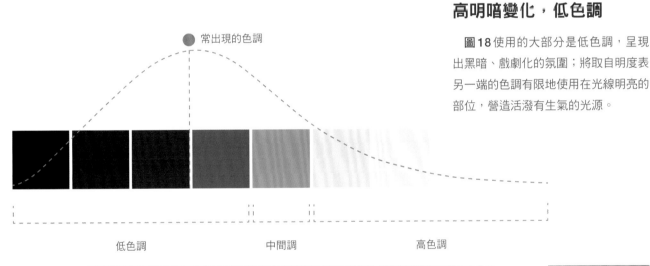

常出現的色調

低色調　　　　中間調　　　　高色調

使用到的色調　　　　沒有使用到的色調

完整的色調範圍

規劃色彩明暗度

強烈建議儘可能愈早規劃你的色彩明暗度愈好，一旦決定好光線的限制後，這將會對作品的氣氛帶來很深邃的影響。在開始繪製作品前，試著使用你所挑選的色彩明暗度；起初可能會有點困難，不過這對於提升判斷作品價值好壞會是個很好的練習。使用鉛筆或炭筆媒介，對於填滿第一個（最亮）和第九個（最暗）明暗度能達到最佳的效果。在中心設定好中間色調，藉由繪製鄰近的高明度與低明度色彩來完成明暗度階層。

1 原作

2 灰階

▲ 圖19這幅畫中最亮的色調是中性灰，所以即使是對比最強烈的部分看起來也很暗沉，籠罩在陰影之中

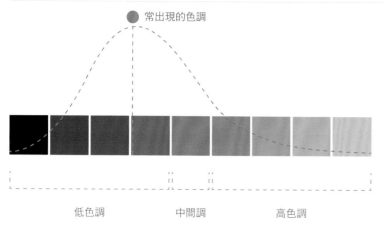

● 常出現的色調

低色調　　　中間調　　　高色調

低明暗變化，低色調

圖19和圖17（第24頁）有類似的狹窄色調範圍，不同之處在於這張圖常用的色調是低色調。最深的色調近似黑色，最亮的是靠近中間的灰；明度表中最亮的一端並未出現在這張圖裡。如此，圖中的深色調融合成一幅陰鬱、極為沉重的畫面。

使用到的色調	沒有使用到的色調

完整的色調範圍

位於主導地位的中間色調

在前幾張圖裡，你也許注意到每一張圖裡選擇使用的色調範圍各有不同，如同鐘形曲線顯示的。一幅畫作裡的主要色調（位於鐘形曲線的拱起處）通常來自於明度表的中間範圍，約略等同畫作的中間色調。明度表兩頭極端的色調通常是零星地使用，位於鐘形曲線兩端的長尾巴。鐘形曲線的分布依每幅畫作而定——比如從左向右方歪斜——而且能夠大幅影響畫作氛圍。你可以看到下面每一幅圖由黑到白的完整色調範圍。

完整的色調範圍

高衝擊力的對比

最常用的色調範圍通常包括數個不同的漸層色調，但是你也可以只用少數幾個色調建立強而有力，風格獨具的效果（圖20）。你可以選用極端的色調，例如近於純粹的黑或是近於純粹的白色調，替畫中某個關鍵特徵製造強烈的對比來強調該主題，使它更戲劇化。

▲ 圖20 極端明亮或黑暗的色調能夠搭配使用，創造有力的對比，能迅速抓住觀者的注意力

▲ 圖21 硬光在這個場景中投射出富戲劇效果的陰影和明顯的輪廓

▲ 圖22 柔和的光線自然地照耀這片景物，使畫面看起來宜人悅目

光線型態

不同的環境、場景、甚至美學風格都需要不同質感的光線。如同**第21頁**裡討論過的（**明暗度對畫面的影響**），這些元素都會左右畫面的調性和明暗度範圍，也會影響你對陰影、高光、以及顏色的呈現。我們可以借用幾個攝影學裡常用的詞彙來形容光線的質感。根據不同場景，我們也許需要一個以上的光源。

硬光

硬光光源——譬如強烈的陽光或人工探照燈——會投射出顏色深、邊緣銳利的影子。這種光源很適合創造強烈對比和戲劇性的衝擊效果（**圖21**）。

軟光

軟光光源能夠製造邊緣柔和的影子，與硬光的銳利邊緣不同。這種光能夠使主題物件看起來具有悅目的光采（**圖22**）。

漫射光

漫射光又稱環境光，是非常柔和，非直接的光，看起來似乎完全不會投射陰影。陰天的自然光就是一種大量瀰漫的光源（**圖23**）。

▲ 圖23 大量瀰漫的陰天光源能夠讓場景看起來幽暗無聲

《暴雨將至》
艾克賽・薩爾瓦德

工具：Adobe Photoshop

「《暴雨將至》是向偉大的俄羅斯寫實畫家伊利亞・列賓 Ilya Repin 和伊凡・希施金 Ivan Shishkin 致敬。我研究了許多古典大師畫家的作品，試著了解讓他們的畫作與眾不同的原因，並思考我自己如何將他們的長處應用在我的作品裡。在這張圖中，我想用視覺語彙描述一樁凶殺案的開頭；一位漁夫在荒野中拖著一具毫無生氣的軀體，暴風雨正在遠方醞釀。接下去的故事情節有許多可能的變化，我非常喜歡這類畫面模稜兩可的感覺。

光線和情緒應該傳達畫面裡的故事性，使觀者好奇，並且被深深吸引。我最主要的考量是創造可信度，要達到這個目標的一個做法，就是使用場景中唯一有可能出現的光源。我避免只是為了特定目的打亮畫中主題，而使用現實世界裡不可能出現在場景中的不確定性光源。藉著只使用陽光和來自天空的環境光線，能使觀者恍如置身場景之中——成為被動的旁觀者。」

《通往啟發的道路》

潔西卡・沃爾芙

工具：Adobe Photoshop

「佛教對我的影響很深，畫作裡也常常使用到自然的符號象徵。在印度有一些非常美麗的印度教和佛教洞穴廟宇是在山區玄武岩懸崖上鑿出來的，它們是世界上最古老的修行廟宇之一。僧侶們為了得到啟發或是其他宗教目標，常常會向著聖地進行朝聖之旅。這幅畫說的就是朝聖的故事。我想描繪出聖潔的感覺，以及人類和大自然之間的呼應關係——既美麗又壯闊，充滿偉大的宗教意義。

　　構圖既能成就也能破壞一幅畫，所以在一開始的時候就要徹底了解黑白明暗度。在決定色彩之前，我都是先從選擇形狀、攝影機角度、光線開始。我會先思考視覺焦點在哪裡，如何讓場景中的角色顯眼。選擇光線的時候，我會依據故事重點，還有我想引發觀者何種情緒反應。以這張圖來說，我要表現的是意義最重大的時刻，在旅途的終點是眼前一幅美麗的景象。因此我選擇了日落時刻，或者可以說是一天中的『魔幻時辰』，太陽在天空中的位置很低，投下幅員廣大的山脊陰影。一線日光穿過山脊之間，強光完美地落在視覺焦點上。

　　我還確保視覺焦點是整幅畫裡最溫暖，顏色最飽和的區塊；其他部分保持中性的冷調。由於場景設定在傍晚，日光必須穿過較多層的空氣，所以光線會泛著橘色。畫家們之所以如此喜歡使用魔幻時辰，是因為它具有自然的互補色：橘色光線和藍色陰影——達到溫暖與寒冷的完美平衡。」

《克蘇魯》

安迪・瓦許

工具：Adobe Photoshop

「這幅畫取自我自己的作品集，我想創造出屬於我的克蘇魯故事（譯註：克蘇魯是美國小說家洛夫克拉夫特創造的克蘇魯神話中的主角神靈），建構在上世紀末，本世紀初的康瓦爾小鎮或村落，時間是在《印斯茅斯疑雲》之前，但是也許是和它相連著的。我想要這幅畫面看起來很『克蘇魯』或是具有『洛夫克拉夫特恐怖』，但是除了港口之外並無其他多餘的配置。我也想要它看起來像老舊的油畫——維多利亞時代的畫家約翰・艾金森・葛林姆蕭（John Atkinson Grimshaw）的作品對我啟發很大。總的來說，我的目標是創造能夠連貫整套作品集，非常陰鬱低沉的氛圍。

在動手畫之前，我做了很多事前研究。我在畫了初始草稿後思索：『這看起來很像葛林姆蕭的畫。』然後我又研究了他的作品，在最終繪製過程中裡專注地捕捉類似其畫作的夜色氛圍。這個場景描繪的是令人毛骨悚然的小漁村，坐落在英格蘭西南海岸的海口，提供我許多嘗試環境光源和明暗度的機會：月亮，水面的反光，船帆和建築輪廓，還有黑暗中透著燈光的窗戶。詭異的霧氣正向村子裡漫延，加強令人不安的氣氛。」

應用基礎的實例⋯⋯

《王者》

羅倫佐・藍富蘭寇尼

工具：Adobe Photoshop

「這幅畫面取自我的畫冊《演化》。火山、野生環境、動物——我可以一輩子畫這些主題都不厭倦。在這個畫面中，我想表現的是一頭動物（這幅畫中是野山羊）正在欣賞夕陽。枯死的樹並不是隨意選擇的主題，而是用來表現這頭動物想造訪的，空曠又古老的環境——對生長在當地的動物來說，有點像大自然裡的聖地。

在畫完《天堂灘》（第170頁）之後，我試著將畫風轉化到比較像插圖的風格，從某些當代和傳統油畫畫家汲取靈感。我研究了許多油畫畫家的作品，企圖捕捉同樣的感覺；我不認為自己已經達到這個目標了，但是這幅插畫在我的藝術成長過程中是一個轉捩點。

我將這個場景設定在日落時分有兩個原因。第一個是因為我想使用黃色調主導的色盤，與背景山脈的淺藍色陰影互為對比色。第二個原因是這種微弱的光線對構圖很有幫助。你可以在最終畫作裡看見，透過光線和陰影以及岩石的蜿蜒形狀，畫面中的色調會將觀者的眼睛引導到野山羊和枯樹上。」

光的形狀

現在有了描述光線明暗度的詞彙，也了解我們為什麼想限制明暗度範圍，或是調整一幅畫作裡的明暗度變化。下一組有用的詞彙彼此互相有關聯，能夠幫我們定義作品的內容。這兩個詞彙就是**物體**和**形體**。光線能使作品中的物體（比如人、建築物或山脈）顯現出來。形體則會影響光線落在物體表面上的方式，使物體具有視覺上的深度和形狀。在這個段落，我們會探索光和形狀如何合作，使物體以三維形體展現。

照亮球體

如果你希望作品中描繪的畫面看起來很自然寫實或是寫實，畫中物體就必須適度地彼此作用，也和光線產生呼應。這裡說的「適度」，簡單說來就是物體以直覺、具有可信度的方式回應光線。讓我們用一顆簡單的球體當作物體，來看看光線如何傳達球的外型，並且將球身上各個面向的光線和陰影，用詞彙拆解開來。

固有色

物體的固有色是均勻無光的顏色，你可以參考〈**顏色**〉章節（**第53頁**）。在沒有光線的狀況下，球體看起來像是具有紅色固有色的圓圈（**圖24**）。

陰影

在圓圈加上少許陰影，立刻就能令它變得立體。陰影位於物體並不直接受光線影響的部位。陰影內每一個明暗區域都必須比光源照射下最陰暗的區域還暗，光亮區域和陰影區域的差別應該要很明顯，觀者才易於了解物體（**圖25**）。

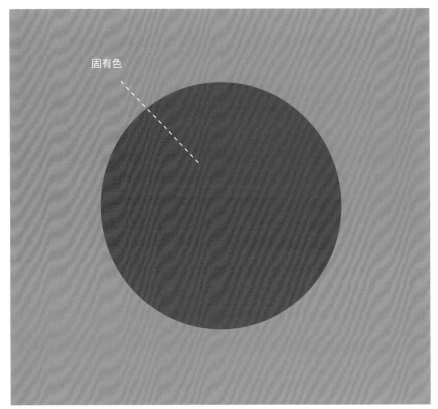

▲ 圖24 少了光線，這個物體看起來是平的，我們能清楚地識別其固有色

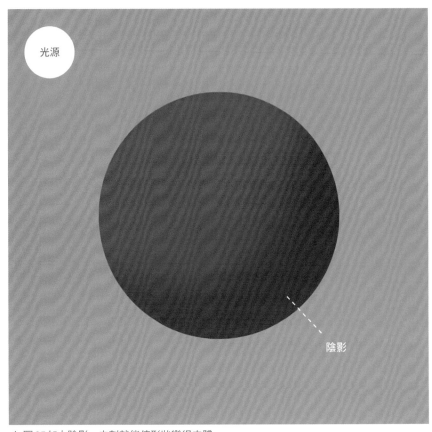

▲ 圖25 加上陰影，立刻就能使形狀變得立體

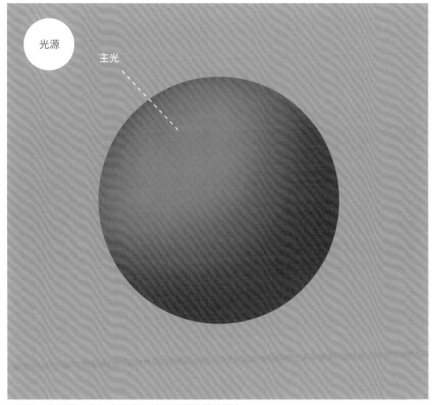

▲ 圖26 主光進一步加上深度，並且改變物體的顏色

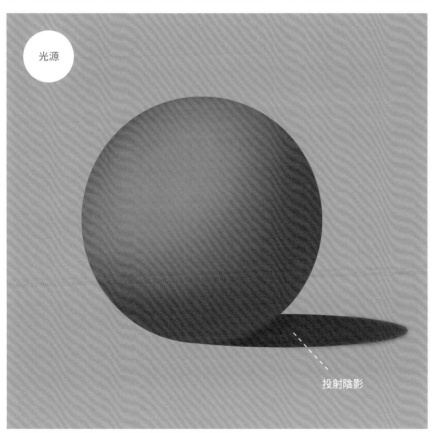

▲ 圖27 投射陰影是由於物體阻擋光線形成的陰影

主光

主光是場景中的主要光線來源。這個光的明暗度仰賴於光源本身的性質，比如白天場景裡的日光或是夜晚城市場景裡透出燈光的窗戶。在你一開始創作時就辨認和營造主光是很重要的，可以保證創作畫面裡的光線很一致。你在圖例裡可以看出來，主光的顏色會影響物體的顏色，但是球體的固有色仍然以中間調呈現（**圖26**）。

投射陰影

這是指受光物體落在另一個平面上的陰影。投射陰影的形狀格外重要，因為它能暗示原始的物體形狀。在圖例中，球體位於光滑平整的面上（**圖27**），

反射光

反射光又叫「反彈光」，是由一個平面上的主光反射到另一個平面產生的光。這種反射光的明暗度取決於反射它的物體形狀和質感；比如說，如鏡子般明亮光滑的表面反射出來的光，會比粗糙幽暗的表面還強。再以球體為例，反射光能照亮球體的暗面，提高陰影的明度，將更多色彩導入那個區塊（圖28）。

本影

這是陰影最暗的部分，不受反射光的影響（圖28）。它的明暗度位於明度表最暗的一端，通常用得不多。

高光

這是物體或場景裡最亮的地方。高明度能夠用來描繪光源，比如太陽或燈泡；但是最常用於標明光源接觸物體，或從物體反射回來的點。高光的明度集中或散射與否，由物體表面質感決定。比如說圖29的高光很亮，卻有些分散，表示球體表面質感粗糙；圖30小區域、集中的高光表示表面平滑有光澤；圖31的高光非常分散，不具反射能力，表示球體是沒有光澤的霧面質感。

中間調

這些明暗度來自明度表的中段。在圖30裡，隨著光線往物體表面向外變暗的轉變過程中，中間調是緊鄰著高光區塊的那一區。通常中間調的位置在於你眼中所見的物體固有色區域，介於高光和陰影之間。

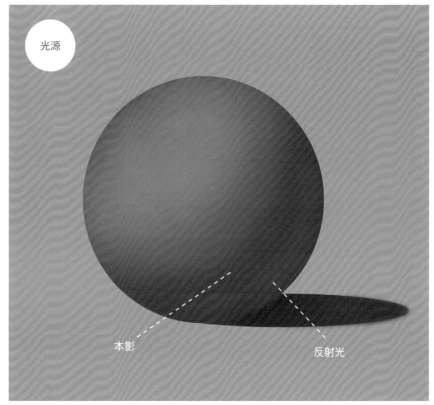

▲ 圖28 光反射到鄰近的表面上之後，再彈回物體的陰影區域

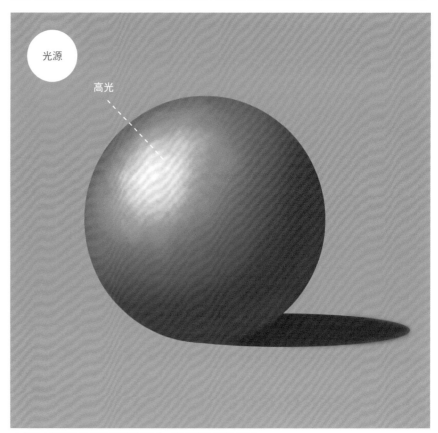

▲ 圖29 高光是物體最明亮的區域，能呈現物體的質感

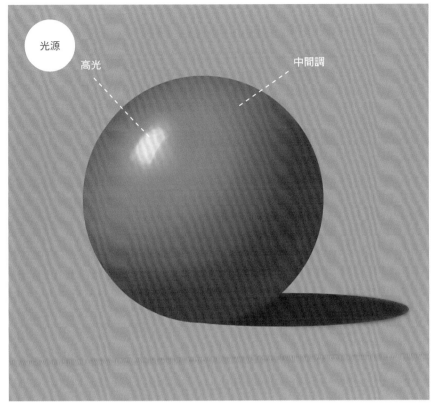

光源

高光

中間調

▲ 圖30 輪廓明顯、集中的高光呈現出滑順光亮的物體

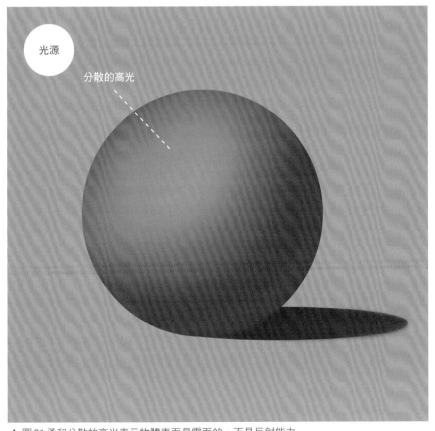

光源

分散的高光

▲ 圖31 柔和分散的高光表示物體表面是霧面的，不具反射能力

光線的考量

光線不僅僅照亮物體的形狀和質感，也能影響觀者眼中接收的物體顏色。創作時永遠必須考慮光源本身的質感，以及這些必有的特點如何影響它們和物體之間的互動。比如說，隨著光線型態的不同（參見第29頁），光源也有自己的顏色。這個顏色也許不明顯，或者很強烈，諸如柔和的日光或鮮明的霓虹燈，但是每種光源都會改變其照射的物體固有色。你可以在第70頁學到更多交互操控光線和顏色的技巧。

邊緣光

邊緣光又叫「側面光」，是由物體背面的光源造成的高光，照亮物體的外側邊緣。如果使用得當，能造成強有力的效果。它也能協助創造出立體感，對照亮黑暗中的物體或是區別兩個明暗度類似的重疊物體很有用（**圖32**）。

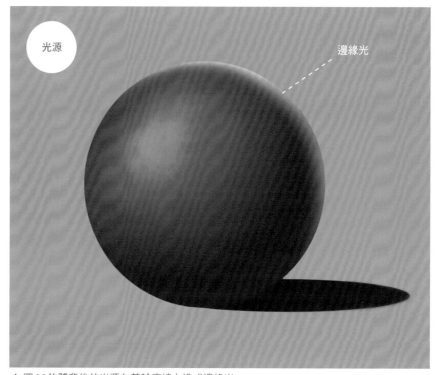

光源

邊緣光

▲ 圖32 物體背後的光源在其輪廓線上造成邊緣光

關於反射光的提醒

替畫作添加反射光是極為重要的，因為它創造出的細緻高光能進一步塑造物體的外型和真實面貌。添加手法必須低調，只用在合理的位置，否則你的畫作照明會失去平衡。彈射回來的高光明暗度應該避免與物體受光部位一樣，不然主光的主導地位會被削弱。

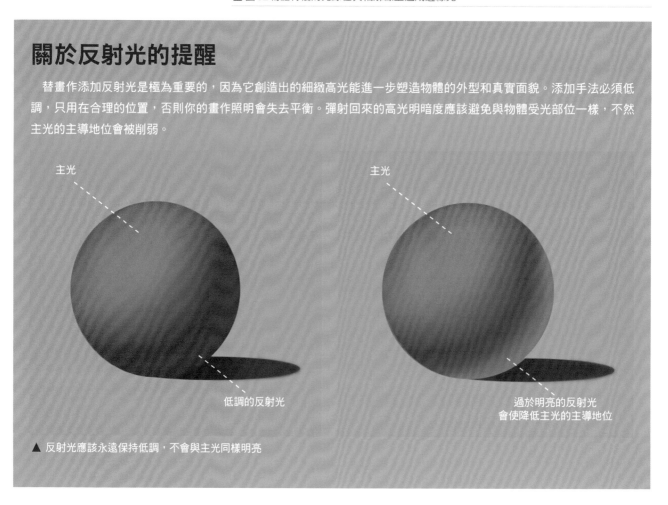

主光

主光

低調的反射光

過於明亮的反射光
會使降低主光的主導地位

▲ 反射光應該永遠保持低調，不會與主光同樣明亮

替有角度的形體打光

在畫有平面和角度的物體時要記得，所有面對光源的平面明度都比不直接面對光源的平面還高。**圖33**裡的三個物體同時接收來自上方的主光。每一個面對光源的平面都有最高的明度（**1**），與光源成斜角的平面具有中間明度（**2**），不直接面對光源的平面——由於沒有反射光——具有最低的明度（**3**）。

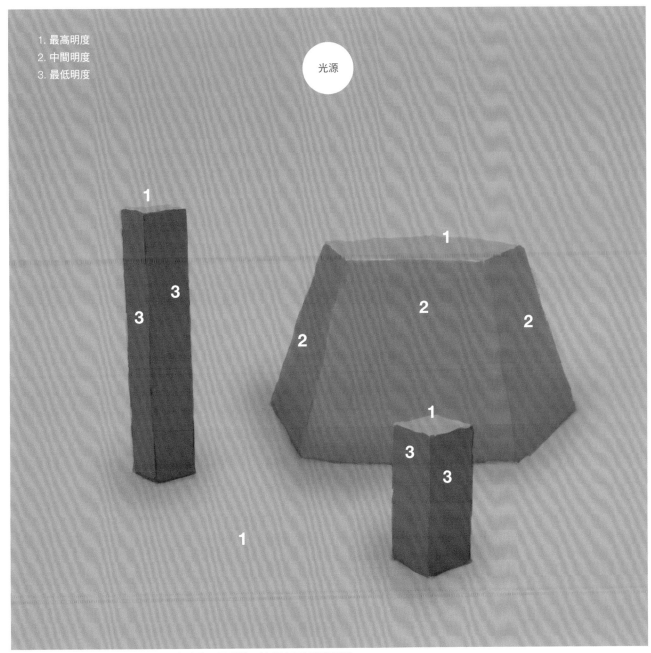

1. 最高明度
2. 中間明度
3. 最低明度

光源

▲ 圖33 你可以在這張圖裡看見不同角度的平面形狀，其明暗度也顯著不同

Key light 主光

Core Shadow 本影

Hightlight 高光

Rim light 邊緣光

Reflected light 反射光

▲ 圖34 吉爾・貝洛伊以數位繪製的場景中，各種光線和陰影元素

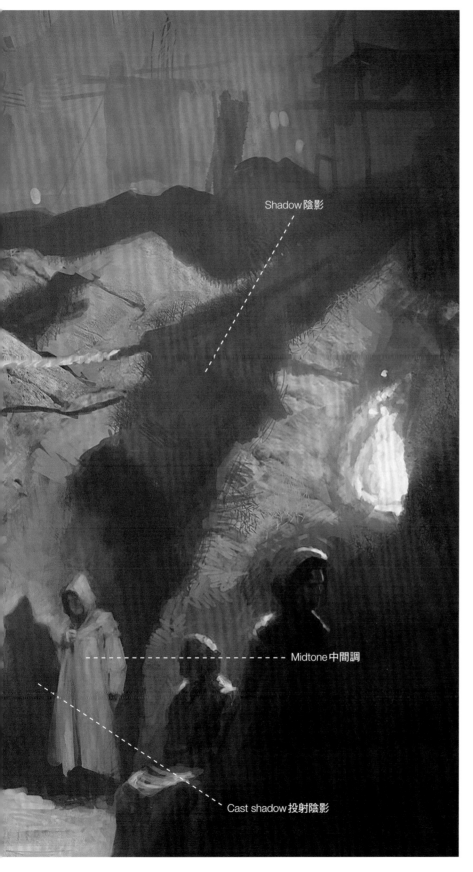

Shadow 陰影

Midtone 中間調

Cast shadow 投射陰影

讓光線和陰影替你工作

現在你已經能夠分辨光線與陰影的關鍵元素了，讓我們來看看它們在場景裡負責的任務。**圖34**的場景設定在地底下的洞穴裡，火是主要光源，給環境帶來溫暖的光線、長長的投射陰影和許多光線照不進又深又暗的縫隙。主角的外型幾乎只有輪廓，身體有些部位帶著反射和邊緣光，呈現出他的服裝造型，使其從環境中跳脫出來。前景的光線對比很強，接近熊熊燃燒的火把主光，但是背景遠處的明暗度很朦朧，變化不多，造成遙遠的視覺效果，並且將觀者的視覺焦點放在主角身上。

空洞

花點時間思索你最喜歡的畫作。試著分辨出畫裡的光源：是從上方照下，如陰天的日光；或是來自於霓虹燈泡或蠟燭？在你的腦中將這些光源關掉，想一想畫作的構圖和情緒會有如何的變化。當最後一個光源也被關掉後，畫面中還剩下什麼？空洞。物體仍然還存在在世上，但是你的眼睛再也看不到它們了。這就是光線的首要用途：照亮畫面的內容物。在建構或解構畫面和其中包含的物體時，「空洞」是很有用的概念。

圖35尚·雷易正在用石墨蠟筆和炭筆臨摹吉安·洛倫佐·貝尼尼（Gian Lorenzo Bernini）的作品

貝尼尼的大師作品研究

我們在第38頁簡短討論過物體和形體，以及它們在描繪被光線打亮的主題時是很關鍵的元素；你還在第18頁看見了要創造富有力量的構圖時，亮面和暗面的分布是多麼重要。

讓我們更深入地探討一下光線與形狀兩者不可分割的關係，還有你能如何建構畫面中的形狀。

當我們應用任何光線時，一定要考量與光線互動的元素。令我們察覺到光線的，是畫中的物體。無論這個物體是桌子、山丘、或人形，在視覺上都能被分解為不同抽象形狀的總和。

研究貝尼尼的作品

圖35和36是炭筆臨摹的吉安·洛倫佐·貝尼尼知名的大理石雕像《被劫持的普洛舍賓娜》（1621年繪）。圖37是該雕塑在羅馬博蓋爾塞美術館的展示照片，現場有兩個光源直射雕像，組成炭筆畫裡的主要光源。第一個光源來自左上方，打在冥王普魯托的手、普洛舍賓娜的大腿和肩膀上。第二個光源來自右上方，以柔和的中間調填滿大部分的畫面，並且由於大理石如絲一般的質地，這個光源在某幾個局部區域造成高光。

讓我們思考一下眼中所見的形狀，將主題拆解成最小、也最容易用素描表現的單位。首先，我們將重點放在圖中的一個小區塊。

▲ 圖36尚·雷易臨摹，吉安·洛倫佐·貝尼尼的《被劫持的普洛舍賓娜》，2017年繪

▲ 圖37吉安·洛倫佐·貝尼尼的《被劫持的普洛舍賓娜》雕像

▲ 圖38 首先專注於炭筆習作的頭部

▲ 圖39 建構臉孔角度和主要特徵

▲ 圖40 安置臉頰和嘴唇之類的次要特徵

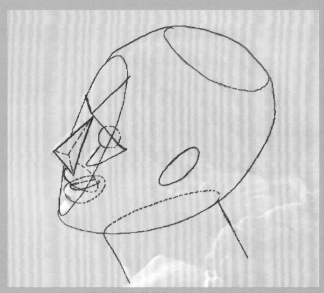

▲ 圖41 以基本形狀訂出頭部其餘部分

普洛舍賓娜的頭

在圖38裡，你可以看到普洛舍賓娜的頭部炭筆特寫。頭部具有數個差別很細微的形狀，若是將它們想成簡單的幾何形狀，照明方法就會比較容易了，我們會在這裡討論。你可以在第176頁學到更多與頭部有關的資訊。

圖39，臉可以被視為一個平面橢圓盤，配合頭部角度傾斜。該平面上有一個代表鼻子的三角形——鼻子是臉上最

突出的特徵——另外一個與橢圓盤相交的圓圈代表眼球。

圖40以更多形狀進一步建構臉孔。一條斜線描繪出眉間，並且向下指向耳朵。一個扁平的半圓形代表顴骨上半部，眼球位於它的頂端。鼻子下方是一個小碗形狀，類似沒有杵的臼——這個形狀對描繪下唇很有用。

最後，圖41中以大的橢圓形畫出整個頭。雖然實際雕像上看不見耳朵，在

此處將其畫出卻有其用處，能夠提醒畫家頭部傾斜的型態。添加圓柱形狀作為頸子，鼻子下面也加上另一個橢圓形表示上唇的弧度。

畫作的其餘部分可依此手法逐步建構出來，使用的形狀多寡由你決定。目標是在你將光線導入畫面之前，先定義形體，或者說整體型態。接下來我們會將這個過程提升到雕像範圍更大、更複雜的部位。

▲ 圖42 轉移到習作中的大塊區域

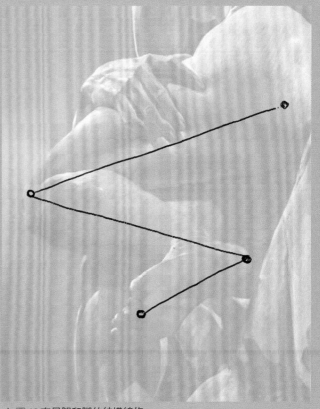

▲ 圖43 布局腿和腳的結構線條

大腿和小腿

　　這幅畫大部分是普洛舍賓娜的腿（圖42），比頭部包含了更多複雜的形狀和角度。因此，計畫光線的過程必須從畫出結構線開始（圖43）。你可以將結構線想成簡化的骨架，被不同形狀包覆住。這些建構其中的鷹架能讓你的空間配置具有內在邏輯——正如同人體的骨架。如同此處的小腿，結構線對計畫具有透視收縮的形狀非常有用；你可以在〈解剖原理〉這章（第174頁）學到更多畫手和腿的重點。

　　在這裡，我們可以同時看到普洛舍賓娜的腿、腳及冥王的手，並將它們解構成一連串小型，彼此環節的形狀。頭部混合了方塊、圓圈、錐形、圓筒、還有長方形（圖44）。在繪畫開始的最初階段，建構完整的畫面其實就是這些形狀的總和——這些形狀在普通的光源下合理地互動。

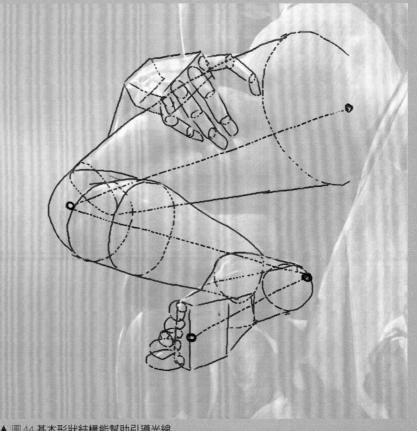

▲ 圖44 基本形狀結構能幫助引導光線

計畫中間調

　　你也許覺得判斷中間調的明暗度是個挑戰，入門者通常會將中間調處理得太暗。要避免這個問題，就必須在事前準備好明度表。特別是在混合真實色彩的時候，你可以藉著畫測試色票，並將它們與明度表上的相關調性比較，得到想要的明暗度。

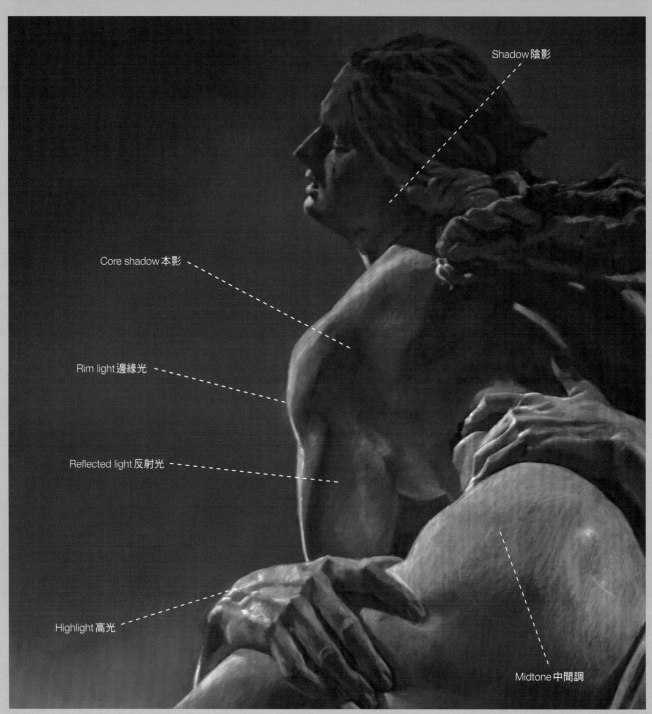

Shadow 陰影

Core shadow 本影

Rim light 邊緣光

Reflected light 反射光

Highlight 高光

Midtone 中間調

▲ 圖45吉安・洛倫佐・貝尼尼的《被劫持的普洛舍賓娜》光線配置習作，2017 年尚・雷易繪

光線和形狀的互動

現在我們已經知道如何以形狀建構畫面，讓我們來看看光線又是如何在最終畫作裡賦予它們形體和生命，同時參考在第38頁講過的照明詞彙。前面已經提過，貝尼尼的這座雕像在現實世界中是由兩個光源照亮的；我們會在圖45和圖46探討它們創造的光線效果。

高光

這是最亮的明暗度，通常用的面積不大，集中在面對光源的點上，比如冥王的手部細節。

中間調

這些明暗調性通常出現在與光源成斜角的區域，緊連著高光。這些中間調能幫助表現出大理石的淺色質地，雖然畫作是以黑色炭筆畫成的。

邊緣光

邊緣光很容易使用過度，所以永遠要記得適度應用。在這幅畫中，邊緣光來自雕像左後方，幫助定義出深色背景前的雕像輪廓。

反射光

反射光可以在很短的時間就變得非常複雜，端賴畫面中有多少光源和物體。雕像的光滑大理石材質反射出很強的光線，能賦予陰影區域明顯的形體。

陰影

光線照射在物體上的強度和角度能定義物體陰影的長度、範圍、銳利或模糊，或兩者兼具。與中間調很類似的是，我們通常傾向於將陰影畫得太深——手邊準備好清楚的明暗量表能夠省很多時間和問題。這幅習作具有許多很深的陰影，使它富有戲劇性。

▲ 圖46尚・雷易使用紙擦筆混合炭粉，在淡影區域畫出柔和的光線

本影

如同高光，本影使用的區域也不多，而且多半取自明暗度量表上最暗的一端。本影是陰影區域裡最暗的部分，不受反射光影響（或被照亮）。

結論

光線是每幅尋求創造立體感的平面作品中的基礎元素。本章已經示範了光線在創造影像時扮演的角色，也提供了相關語彙——視覺的和語言的——讓你了解藝術如何應用光線。你還學會了如何用明暗度詮釋光線的個性，以及這些明暗度能使空間和物體之間產生對比。如果這些元素符合光線和物體互動的簡單法則，就能夠達到合理並且自然的視覺效果。

試著將本章裡的概念和過程應用在你所有的創作中，包括一開始的速寫到最後的成品。從古到今，使用光線的手法與藝術家種類一樣不勝枚舉，但是這些通用的準則能夠讓你的概念更豐富，在創作過程中協助你。下一個章節裡面，我們會延伸到顏色，也包括顏色和光線的密切關係。

繪圖 © 本書各章中提供畫作的畫家們

顏色

尚・雷易&吉爾・貝洛伊

　　前一章裡將光線形容為「基礎中的基礎」。本章中，我們會擴大範圍，將顏色也納入這個類別，因為光線和顏色能夠被視為一體。十七世紀時的艾薩克　牛頓（Isaac Newton）最先演示了這個概念：他讓人們看到光線透過三稜鏡的折射之後，能被分成全彩光譜。更確切地說，就是白光的一部分被分解成可見光譜，也就是人眼能見的比較窄的波長：紅、橙、黃、綠、藍、紫。顏色其實就是光。

　　顏色是藝術基礎中最豐富，也最令人體會到成就感的一項。事實上，我們能夠有系統地增進自己在這個主題的能力，你將會在本章中學到。整合這些技巧後，你就可以直接應用在任何媒材的創作上。

藝術史：人類藝術的底色

藝術史可以被視為一場顏色的慶典，隨著時間，其中的元素也越來越紛雜。從法國的洞穴到澳洲內陸峭壁，史前藝術是由土壤裡的赭石和燒焦的黑色畫成的。古代藝術家們又在這些大地色調裡加入藍銅礦和土耳其石，將來自這些礦石的鮮明藍色和綠色專門用於描繪王室和神明。但是一直要到史前藝術家創作法國拉斯科洞窟壁畫的兩萬多年之後，許多現代畫家爭相使用的顏色才在工業革命期間問世。在進一步討論顏色在藝術中的應用之前，讓我們先從歷史角度談一談顏色。

史前的色盤

史前繪畫之所以全由大地色繪製而成，有一個很好的原因──用來創作這些繪畫的材料很豐富，又容易應用。紅色和黃赭色、棕色、石灰白色，都來自於礦石沉積、磨碎的黏土、以及其他隨處可見的岩石。在這片以紅棕色為主的色盤上，又加上了粗獷耐久的各種黑色。正如碳黑和骨黑色的名字明白指出，它們都是來自被火燒焦的動物殘骸形成。這些顏料被人類以石塊或加工成杵狀的獸骨研磨之後，與水、唾液、或動物脂肪混合，製成能夠使用的色膏。史前畫家們就是使用這塊顏色有限的色盤畫出人形和野獸，或噴濺在能遮風擋雨的石牆上做出朦朧的手印。這些生動的藝術作品是人類歷史流傳給我們的古代遺產之一，使用那些顏色的人們與土地的關係如此密切。

早期人類文明的色盤

社會中的人類文明和組織越來越複雜，古人用來創作藝術作品的材料也不例外。

▲ 圖01 法國拉斯科洞窟裡的史前壁畫

▲ 圖02 據信古埃及人是首度使用藍色和綠色顏料的人

史前畫家們的色盤曾經是（現在也是）大部分藝術的必備色彩，但是人類也開始使用新的顏色。就我們所知，埃及人首先在色盤裡添加藍色（藍銅礦）和綠色（土耳其石），他們刮下銅礦和其他礦石的氧化層之後加以合成，用來染布和繪畫。在地中海和愛琴海區域，希臘人也開始對金屬感興趣，進而發現白鉛和紅鉛兩種早期希臘陶器上的代表顏色。

金屬不是新顏色的唯一來源。古人還著手萃取植物染料，帶給人類世界茜草紅和緋紅色的布料緋紅的英文名中（crimson lake）的「池 lake」字，當用於顏色字尾時，代表該顏色來自植物萃取物。但是不僅如此，新的顏色不斷自岩石中發掘出來，雖然這些岩石比較稀

少，蘊藏量不如史前畫家們用以創造赭黃色的岩石那般豐富。以青金石為例，從阿富汗山區的礦場出口之後，經過研磨形成從古至今最絢麗的顏色：群青。

顏色的現代革命

雖說古代許多金屬和植物基底的顏色大大提升了史前畫家使用的礦物基底顏色，但是直到現代才變得比較常見，容易取得。發現新顏料的速度和全球流通效率在十四到十八世紀之間加快，這段時間前後各有文藝復興時代和工業革命時代，見證了由紡織工業引領的化學染料工程。在顏色的世界裡，這股熱潮導致了含鈷顏料的發現（藍、綠、黃、以及紫色），還有雖然美麗卻有毒性的含鉻顏料（橘和黃）。

隨著新色料而來的是顏料管的發明，帶給視覺藝術國度裡旋風式的改變。直到十八世紀早期，繪畫都是在畫室裡完成的，但是有了顏料管，繪畫被帶出畫室，走入街道和山丘。由於露天畫派大受歡迎，藝術界開始渴求更自然的顏色。

繼那股狂熱之後，許多新的發明多專注在顏料的大量生產型態，二十世紀間僅為傳統繪畫添加唯一一款重量級的顏色：地位穩固的鈦白。

多虧了數位工具，現今的藝術家們能夠使用的色盤無窮無盡，可是無論你使用傳統或數位工具創作，以下的概念都通用。

色相，飽和度，明度

顏色如同光線，是具有延續性的存在；我們對顏色的命名只是為了描述該延續性存在裡的某一段。當這一段轉換為下一段時——比如從綠色轉為藍色——是不可能分辨出哪個顏色在哪裡停止，下一個顏色又是從哪裡開始。在這種情況下，若是只用名字稱呼一個顏色會過於空泛，而且造成混淆。因此，我們可以將顏色以三個描述語彙分解：

· 色相
· 色調
· 明度

這個段落會解釋這些概念的意義，帶你認識**色環**——對任何藝術家都很有用的工具。

色相：顏色所屬家族

色相是顏色最有用的特質。它是顏色的身分，隸屬的家族。「色相」一詞通常可以和「顏色」互換，但是在色彩理論中自有其特定意義。你可以將「顏色」想成是涵蓋顏色所有個性的通用詞，這些個性包括顏色的色調和明度，我們會在後面討論這兩者。但是「色相」是一個衡量工具，用來評量該顏色與色譜上某個參考點的相似程度。

色譜可以被分成十二個色相。傳統上，包括三個**原色**：紅，藍，黃。之所以稱它們為「原」色，是因為它們不是由混合其他顏色而來的。在原色之後是**二次色**——綠，橘，紫色——由混合三個原色而成。比如說，混合黃色和藍色會得到綠色。最後是由混合原色和二次色得到的**三次色**（圖03）。譬如藍色和綠色混合後成為藍綠色。

色環

以同心圓環狀排列後，這十二個色相會成為圖04的色環。色環是色譜的視覺表達型態，對辨別相似色或對比色格外有用，我們會在**第62頁**的〈色彩協調〉進一步說明。

色環可以被分成更少或更多的區間，可是以原色、二次色、三次色來區隔就已經足夠用來討論絕大多數的藝術作品了。你可以在網路或書本裡找到許多色環範例，可是也許會發現親手創造自己的色環對你很有幫助。親手畫色環也能讓你建立起對色相的穩固認識基礎，使你對更熟悉選擇使用的媒材。

明度：顏色的濃淡

傳統畫家們最常使用**明度**一詞。數位媒材討論的通常是「飽和度」。當我們在 Photoshop 之類的軟體中調整影像的飽和度時，我們就是在加強或降低影像的明度，增加或減少它的顏色豐富程度和濃淡。

在傳統媒材中，我們使用灰色降低顏色的飽和度——灰色就是白色和黑色的混合。白色與黑色的比例能決定明度的

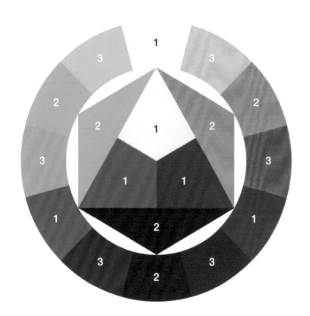

▲ 圖03 色環裡的色相有原色（1），二次色（2），三次色（3）

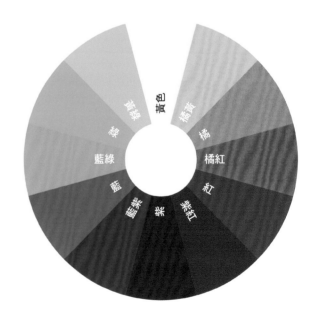

▲ 圖04 色環對視覺藝術家的參考價值非常高

▲ 圖05這裡有一些區域是飽和的黃色和紅色，但是大部分使用這兩個色相被大幅降低飽和度之後的明度

▲ 圖06在浪頭部分，你可以看見黃色相被降低成幾近白色的蒼白色調

變化程度，使顏色變亮或變暗。假如你使用傳統媒材創作，比如油彩，那麼我們建議你必須小心：加入太多灰色、白色、或黑色，都會降低顏色鮮明度，使它看起來死氣沉沉。然而若是適量使用，你就能藉著調整顏色的明度混合出最細緻成熟的顏色。在**圖05**裡，有些區域的顏色幾乎達到最飽和的程度，再漸漸大幅降低明度變化。

明暗：明度與暗度

描述顏色的三個詞彙中，最後一個是「明度」。類似你在光線一章中學到的，明度意指顏色的明亮和黑暗程度。在描述顏色的明度時，你還可以用這兩個詞彙：**明度**（顏色的明亮度）和**暗度**（顏色的黑暗度）。

在傳統媒材中，調整顏色的明度就是用純白（**圖06**）讓它變淺。在基本色相中混入任何比它明亮但是屬於另一個色相的顏色時，無論混入的份量多麼細微，都會改變原本的色相。這並不是件壞事，但是對這幅畫來說，請你想像用純白改變顏色的明色調，同時卻又不使其色相產生變化。

相反地，要改變顏色的暗色調，就在色相中加入黑色。然而我們不建議你如此實際應用，因為純黑色往往會遏抑原始的色相。畫家們為了混合出比較協調的暗色調，常常會使用比較深的顏色，比如派恩灰，焦棕，或普魯士藍。唯有透過練習，才能了解這些混合如何影響你的顏色。在混合純黑時一定要謹慎，並且留意不要讓它鈍化顏色的光彩或鮮明度。

將色相、色調、明度視覺化

你也許已經了解色調和明度不是抽象的分類，而是同一張地圖上通往不同座標的說法。在**圖07**裡，你可以看見明度和暗度能夠使你的原始色相沿著三角形邊線移動。加上純黑或純白，會讓顏色往三角形頂端或底部前進。然而，若要在三角形內部遊走，你必須同時混入黑色和白色來調整色調。

這時，不同分類就會融合在一起了，所以在決定你的顏色個性時，最好要靈活地理解色調和明度。試著不要將本章之前講過的當成一連串規定──它們的用意在於幫助你在創作過程中，思考可能的應用方法。

圖08的色環總結了到目前為止我們看過的詞彙和顏色型態。

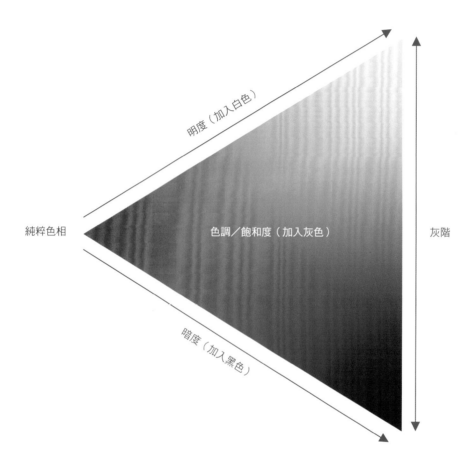

明度（加入白色）

純粹色相

色調／飽和度（加入灰色）

灰階

暗度（加入黑色）

▲ 圖07 這張圖描繪的是色相和明度互動之後，創造出範圍很廣的色調

顏色的符號學

根據不同的文化和外在環境，我們會將顏色和情緒以及含意串聯在一起，而且不可避免的影響你選擇的色盤。每個顏色都有心理和文化上的暗示，會影響你想傳達給觀者的情緒和意義。常見的例子包括紅色代表憤怒或熱情；綠色是生命力和大自然；藍色是冷靜或安寧的顏色。這些意義並非絕對，你甚至有可能藉著選擇的顏色顛覆觀者的期待，但是事先對色彩心理和符號意義作一些研究和考量，能使你的視覺選擇更有力。

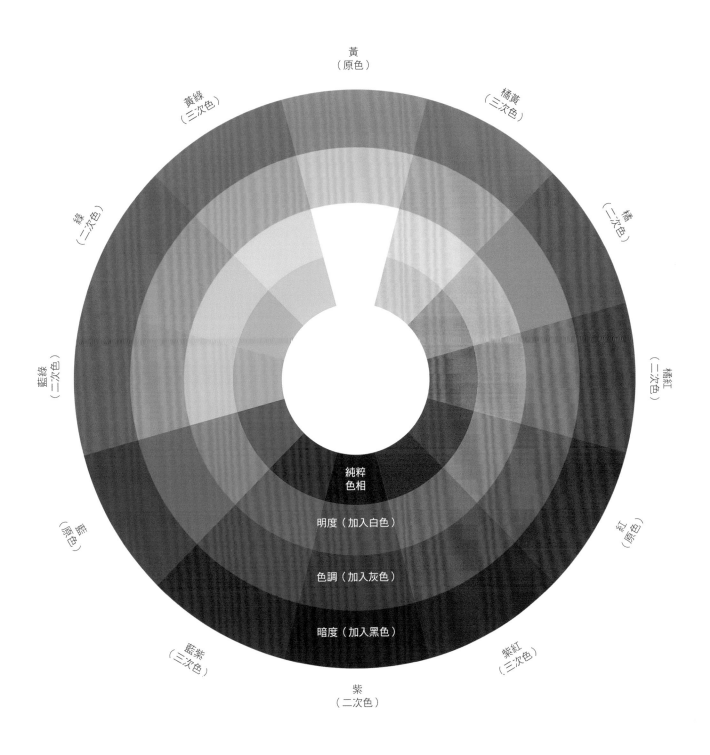

黃
（原色）

橘黃
（三次色）

黃綠
（三次色）

橘
（二次色）

綠
（二次色）

橘紅
（三次色）

藍綠
（二次色）

純粹
色相

明度（加入白色）

色調（加入灰色）

暗度（加入黑色）

紅
（原色）

藍
（原色）

紫紅
（三次色）

藍紫
（三次色）

紫
（二次色）

▲ 圖08 這張圖顯示的是12個色相的色環中，明度、色調、暗度的變化，總結了以上討論過的內容

應用基礎的實例……

意料之外的朋友
賈可布·鄧肯

工具：Procreate

「這幅作品的概念來自我在許多年前創作的一幅畫。我想用同樣的概念，看看自己的技巧在這些年來進步了多少。在光線方面，我希望將我在戶外寫生時觀察到的美麗微光帶進這幅個人的創作裡。至於筆觸和整體的感覺，我在畫這幅畫時看了很多詹姆斯·雷諾斯 James Reynolds 的作品，試著想琢磨出一些他在畫作中創造的魔力。我和他還差了一大截，可是也許有一天我能趕上他的功力。

在我的色彩計畫專業工作領域，通常是基於我想要畫面傳達的情緒來設計光線。然而在這幅個人創作中，我選擇如此的光線，純粹只是因為我想畫這樣的光線而已。不過我仍然刻意將光線設計成能使觀者的眼睛自然落在樹人頭部的焦點上。我把那個區域的對比和飽和度畫得最強烈。」

色彩協調

色彩協調指的是特定的顏色安排，使它們比其他配對看起來更悅目。色彩協調可以分成三個大類別：**補色協調**，**相似色協調**，**三等分色協調**。這三個類別並非一成不變的，但是對於分析完成的作品很有用，我們能學到為何一幅作品看起來很賞心悅目，甚至能夠依據這三個類別建構出畫面。用這些概念引導你設計你的作品，但是不要被它們過度牽制。不過，使用不同媒材的藝術家若是主題為自然寫實的景物，通常會傾向於使用這三種色彩協調原理。

色彩協調裡有一個基本的主導色相，或是一組主導色相，由色譜相對側的色相與之互補。彼此陪襯的相對色能夠給作品添加深度和能量。要記得的是，這種對比極易使用過度，結果看起來會稍顯俗氣或是太匠氣。要避免這種結果，得到適切的面向平衡，就需要練習和觀察。下面的作品旁邊都有自己的色環和色票來表示畫中的色彩協調與色相。

補色

補色指的是色環相對側的顏色。如紫色和黃色的相對色相，被認為是能互補的顏色。如果放在一起就能立刻突顯鮮明的對比，卻不刺眼。歷史上最出色的補色協調應用是出自印象派畫家之手（參見第13頁），他們藉此表現出閃爍游移的光線。

色盤範例：紫色和黃色

這幅吉爾・貝洛伊的插畫使用的色盤主要是黃色，再加上補色紫色。請注意紫色並非純粹色相，而且只用在陰影和背景區塊，所以不會過度搶眼，壓過畫面中整體的金色光線。

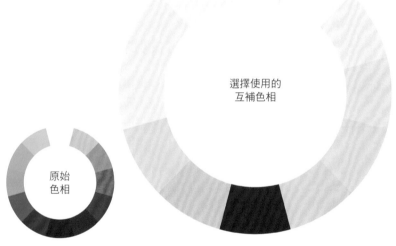

原始色相

選擇使用的互補色相

原始
色相

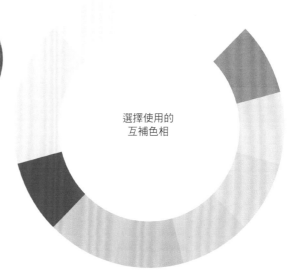

選擇使用的
互補色相

色盤範例：藍色和橘色

尚・雷易創作的這幅海岸風景也使用了平衡的補色色盤，看在眼裡很舒服，畫中有前景沙丘上比較溫暖的橘色色相，以及背景天空和遠處峭壁與橘色互補的靛青和藍色。沙丘使用的鮮紫和天空中的粉紅色進一步為這兩處添加了互補協調。

避免混濁的顏色

你也許偶爾覺得自己的作品看起來像是只有單色調，或是畫中顏色顯得「像泥水一樣混濁」，一點都不出色。最有可能的原因是不正確的色溫，比如在暖色陰影裡混入了冷調的紅色。當你不確定的時候，一定要檢查這些相關因素，而且要記得每轉一個視角，就要改變色溫或色調。當你發現某個東西看起來混濁或平板的時候，就要考慮這些要點。

相似色協調

　　具有相似協調的畫作使用的是在色環上彼此緊鄰的色相。也可以加入少許互補色相，但是數量有限的緊鄰色相負責主導作品中使用的色盤。這個直接了當的方法適合用來找到既協調又能生動捕捉特定情緒的色彩搭配。

原始色相

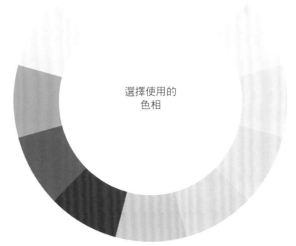

選擇使用的色相

色盤範例：冷色

　　這幅吉爾·貝洛伊的作品中，純粹以藍色為主的色盤創造出冷冽的夜晚氛圍。畫中的藍色有不同的色相和色調，最深的陰影接近黑色，最亮的色相趨近於明亮的水藍色。

原始
色相

選擇使用的
色相

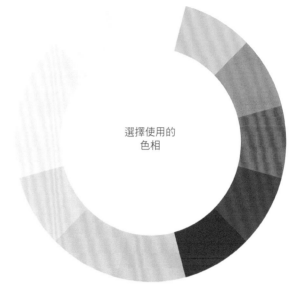

色盤範例：暖色

　　在這幅插畫裡，炎熱、煙塵漫布、可能是黎明或日
落時分的環境是使用各種黃色、橘色、棕色畫成的。
小塊的冷調陰影替色盤增添細微的深度，但是整體是
溫暖，日光照亮的色相。

三等分色協調

三等分色協調有各種型態，每一種都根據基本的配方而來。你可以有原色、二次色、或三次色三色協調。在任何一種配置裡，畫面中都有三種主導色相，它們來自色環上三個斜對角，形成一個三角形。原色三等分色協調主要是紅色、黃色、藍色色相；二次色三等分色協調會有橘色、紫色、綠色色相。如此一來你應該猜到了，三次色三等分色協調就會有更多混合色相，比如李子或紅陶土色。二次和三次三次三等分色協調最常用於自然寫實畫作中，因為它們牽涉的色相比較複雜而且細微。

原始
色相

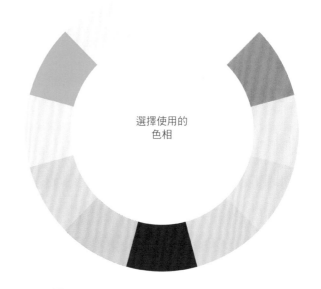

選擇使用的
色相

色盤範例：二次色三等分色協調

這幅吉爾·貝洛伊的作品裡用到一組二次色三等分色協調：綠色、橘色、紫色。前景的綠色和橘色建築物賦予畫面明顯的暖調色盤，而寒冷的明亮紫色加強了遠處環境的透視深度（參見第158頁）。這種二次色三等分色協調常常用在風景畫裡，重現真實自然環境中溫暖的光線、涼爽的陰影、以及綠色的植物。

原始
色相

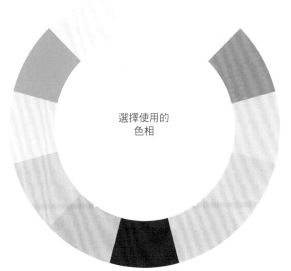

選擇使用的
色相

色盤範例：深色二次色

　　尚・雷易的作品《通道》使用了同樣的二次色三等
分色協調，卻得到迥然不同的效果。籠罩在溫暖光線
之下的區域和相對起來鮮明的橘色毛髮，與周遭環境
暗沉的紫色和綠色相輔相成。

小讀者
賈可布・鄧肯

工具：Procreate

「這幅畫裡講的故事是一個極愛大自然的小孩，房間裡滿是與大自然有關的事物。有點像是我的自畫像，因為我過去和現在都是這個小孩，永遠驚歎於身邊美麗的世界。在這幅畫中，我想畫的是一個小孩的房間，擺滿書本和小動物，都是我認為這個年紀的小孩會感興趣的好玩東西。我也想在一個想像的場景中嘗試使用最近在研究的光線效果。

要畫出具有許多不同顏色物件，卻又保持色彩協調的房間確實是個挑戰。在這個充滿細節的場景裡，我選擇使用單一光源──檯燈的金色光暈──來整合所有的顏色。」

結合顏色與光線

在創造畫面的過程中，光線和顏色是格外引人入勝的元素。現實生活中，光線讓我們看見顏色和周遭世界。在藝術裡，光線和顏色使我們得以表達特定的情緒或氛圍。顏色是描繪感覺和情緒的有力工具，如果使用得當，會是人們在欣賞你的畫作之後首先探討的元素。在此同時，對畫家來說，它卻可以是令人生畏的主題；顏色對觀者來說很主觀，又與其環境相關。隨著畫作所處的環境和光線，一個物體在某人眼中看起來是偏黃的藍色，在另一人眼中卻有可能是土耳其藍。

由於顏色和光線對於詮釋現實如此重要，藝術家們務必要了解兩者。對入門藝術家來說，熟練的畫家使用光線和顏色的手法可能顯得既像變魔術，又無法捉摸，但是其實這些過程和抉擇是能夠被簡單的手法分解的，讓你能夠應用在自己的作品裡。

固有色

我們已經在單元的**38頁**〈光的形狀〉看過了，物體的**固有色**（或「本色」）是不受到任何顏色干擾的物體基底色。比如說，檸檬的固有色是黃色，但是假使選用任何一個黃色來畫檸檬，並不能創造寫實的結果，因為還有其他材質特性和光線條件能決定你畫檸檬的方式。一個簡單的例子是**圖09**裡兩個分別為藍色和黃色固有色的圓形。你看不出來它們的形體或表面質感，因為它們沒有打光，但是請你先記住固有色的概念，再繼續往下看。

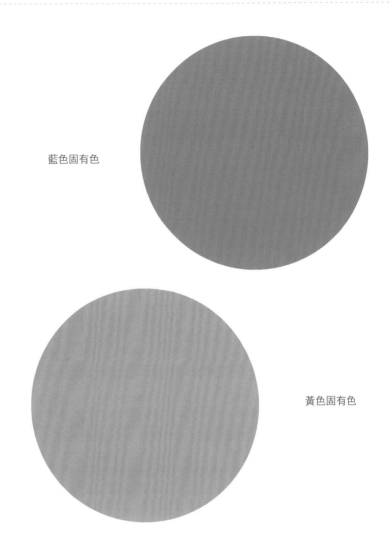

藍色固有色

黃色固有色

▲ 圖09 兩個沒打光的圓形分別具有藍和黃固有色

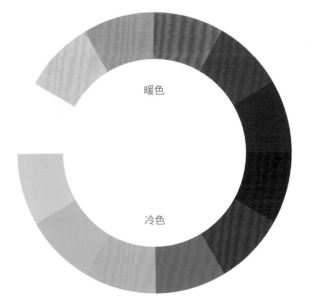

暖色

冷色

▲ 圖10 色環能被分成溫暖和寒冷的顏色

色溫

第56頁介紹的色環可以再進一步被分成兩個半圓形，如圖10所示。一半包含通常認為是「溫暖」的顏色（比如紅色和黃色），另一半則是「寒冷」的顏色（比如藍色和綠色）。留意色溫，能夠幫你替畫面創造非常不同的氛圍。

當檢視色環上的色相時，清楚了解冷色和暖色的差別固然很好，但是也要記得重要的一點：一幅畫裡的色相並非絕對溫暖或絕對寒冷。圖畫中的顏色是互有關連的，所以一個顏色的冷暖特質是與周遭環境，以及與之互動的顏色有關。任何顏色都有可能令人感覺暖和冷。

你可以藉著順時針或逆時針轉動色環改變一個顏色的溫度（圖10）。比如假使你想畫出偏冷的紅色，就可以在紅色裡加一點藍色。加入的藍色越多，紅色看起來就越冷，直到它脫離紅色，變成紫色。同理，如果將紅色往黃色方向推，它看起來就會比較溫暖，直到最後改變色相。

為了示範環境顏色如何左右物體的溫度，我們將圖11的「冷」藍色圓球打上溫暖的黃光，「暖」黃色圓球打上寒冷的藍光。你可以看到光線能使藍球顯得溫暖，使黃球顯得冷，並將兩個顏色往綠色色相推移。

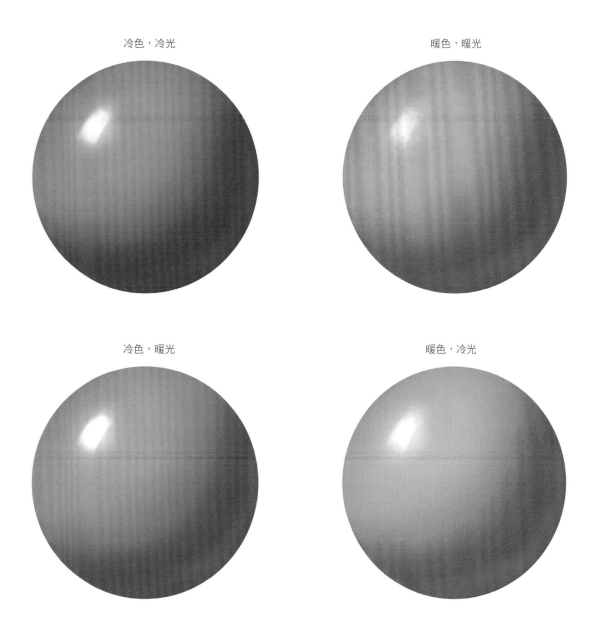

冷色，冷光　　暖色，暖光

冷色，暖光　　暖色，冷光

▲ 圖11 色彩的溫度並非絕對——我們對物體顏色的感知會受到光線顏色之類的環境因素影響

一條可以遵循的「規則」

　　若是要說有哪一條規則是你應該試著遵循，而且能夠應用在任何媒材、風格、或光線條件，那就是這個：如果你的光源是溫暖的，陰影就應該比較冷；如果光源寒冷，陰影就應該比較暖。這個認知能夠完全改變你對顏色的認識和應用，而且能將一幅沒有生氣的單調畫作轉變成既多彩又吸引人。這條規則很簡單，但是總是能幫你找出具有協調性的色盤。

溫暖的金色陽光

寒冷的藍色陰影

▲ 給你的光源和陰影相對的色溫，可以替光線效果更有深度和能量

利用色彩協調處理光線和陰影

　　在開始一幅畫時，無論你是參考現實或純粹出於想像，都應該依照你的想法安排顏色。想像主光的顏色，用它決定畫面的溫度和色盤；比如說，夜晚畫面也許應該有不同的藍色，而白天的畫面應該有溫暖親切的色盤。

　　你不需要立刻決定光線和顏色的每一個面向，但是如同明度，在創作早期計畫並且嘗試可能的顏色是很有用的。如果你在一開始就能動手計畫，最後的作品就比較有可能具有很好的色彩協調。試著問你自己這幾個問題：

・哪種光源？位置在哪？
・光源的顏色和強度？
・畫面裡有哪些顏色和表面材質——

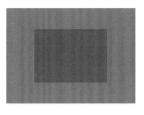

▲ 圖12我們對於物體明暗度與色彩的觀點，與周圍環境的明暗度和色彩密不可分。

溫暖的木頭或是寒冷的金屬——光線會如何影響它們？

　　無論你使用的媒材為何，在少許顏色和色調基底上開始創作畫面能夠幫助你。要光靠純白背景決定顏色的個性是非常困難的——和白色比起來，任何物體的顏色都會顯得太深，使你的選擇失準。圖12的示範就是將同一個中性灰放在不同顏色和明度的背景上。

　　圖13的畫面中有溫暖的深色背景，很適合主光寒冷的場景。這個背景使人

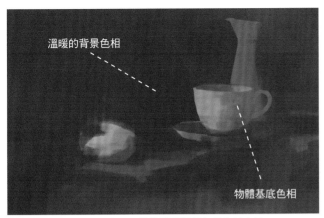

溫暖的背景色相

物體基底色相

▲ 圖13使用有顏色的背景，替物體選擇顏色就比較容易

來自左上方的冷調主光

▲ 圖14與溫暖的背景相較，主光顯得寒冷銳利

反射光的溫暖色相

▲ 圖15替陰影加上溫暖的反射光能創造寫實感

比較容易判定靜物下方約略的基本顏色，界定出每個單一形狀的明度和顏色。此時可以想像每個物體的固有色會如何受到場景的影響，並且確定它們讓觀者感覺處於同一個環境中。

在圖14裡加入了寒冷明亮的主光。光線幾乎是白色的，使畫面褪去彩度，降低了物體的溫度，並且戲劇性地加強明暗區域之間的對比。圖15的靜物圖中，在物體和陰影上添加了細節，溫暖的反射光彈進陰影裡，與寒冷的光源互補。加深畫面四周，能使觀者的注意力放在最鮮明的物體上——檸檬，並且為畫面增添了神祕壓抑的感覺。

結論

顏色是極為個人的。你使用顏色的方式取決於你的喜好，你受到的影響，和你想達到的目標。太過擔心學術性和理論，將會蒙蔽顏色高度的直覺性——最好的學習方法就是練習，享受顏色帶來的樂趣。你已經能夠將這一章的顏色導論直接應用在你的作品中了。

《瑪佳麗塔》
伊莎貝・加爾蒙

工具：油彩及亞麻畫布

「我畫這幅《瑪佳麗塔》──菲利浦四世國王的女兒──目的在於探索顏色如何彼此緊密作用。顏色會觸發我們的情緒；用來繪製一幅畫的色盤能讓觀者感受到它包含的感覺。很重要的一點是，思索我們想透過作品說什麼，畫面又敘述著什麼樣的故事。

我大部分時間是透過直覺作畫。有時候我最終完成的畫會和剛開始的時候完全不同。一開始，我想傳達人類的脆弱；色彩變換很柔和，環境氛圍很自然。但是有一天一切都變了。這幅畫開始朝不同方向走，所有柔和的變化都變成比較具表現力的顏色筆觸，觀者可以直接「看見」我作畫的過程。身為一位畫家，我總是在探索自己筆觸的表達力，我希望能和看著我的作品的你產生連結。

體驗和了解顏色能夠賦予你力量。畫這幅畫時，我和平常一樣不斷想到大師們的發現：如何使光線與冷暖色調結合。我總是在思考光線，以及光線影響畫裡的一切。這幅畫的主色是黃色，可是我也想加入藍色。藍色讓我覺得更接近大自然，因為它是海洋和天空的顏色──我想若是在一幅畫裡用上藍色，觀者就能不自覺地感覺到與大自然的連結。黃色、橘色、藍色、綠色充滿能量的結合，使人感覺像是畫中每顆粒子都在活動，雖然這幅畫裡捕捉到的畫面只是一瞬間。」

應用基礎的實例……

《淹水的寺廟》

潔西卡・沃爾芙

**工具：Adobe Photoshop，
Modo，3D-Coat**

「我的創作概念是一座被水淹沒的古老柬埔寨寺廟，長滿植物和睡蓮。一位老漁夫以這座廟為家，畫面中的他正划向古廟。船的設計靈感來自多彩的泰國漁舟。

我想畫出平靜安寧的感覺，畫面讓人感到祥和自然，可是同時具有震撼力。古廟既有力又龐大，漁舟相形之下顯得很渺小。

因為這是安詳的時刻，我想創造出自然光源，晨霧從水面升起。視覺焦點是船裡的漁夫，所以我安排光線向下打在古廟的柱子上，將觀者的眼睛引導到漁夫身上。背景頗暗，讓構圖裡的光線跳脫出來。

我決定使用土耳其藍和橘色的補色色盤，雖然叢林深處的水通常是褐色或綠色的，我從藝術家的角度決定讓水呈現土耳其藍色，還有鮮綠色的睡蓮葉子，與溫暖中性的石造廟宇形成對比。由於這幅畫是想像出來的畫面，所以我能夠選用比較搶眼誇張的顏色，雖然我仍然試著讓畫面中的土耳其藍色水面保持中性，而不顯得人工或太炫麗。我結合使用光線和顏色，給小舟鮮明的橘色，與周遭的深藍和土耳其藍產生對比。」

▲ 圖16這幅畫裡有細微的橘色和紫色，主角由來自畫面左上方微弱的主光照亮

應用基礎的實例……

呼喚

尚·雷易繪製的《呼喚》是一幅傳統媒材畫作，使用朦朧、如夢一般的色盤和光線，作畫手法需要謹慎，而且有限地使用色相和色調。讓我們看一下他是怎麼達到這個效果的。

色彩計畫

這個過程一剛開始就要決定主光的位置和色相。比如假使主光來自太陽，那麼太陽在天空中的哪個位置？是早上還是傍晚？太陽是否低掛在天空？是直射光或是被雲還有其他物體遮住？就連畫面設定在南半球還是北半球也能影響光的質感。

在《呼喚》（圖16）這幅畫中，一股寒冷微弱的主光從畫面左上方斜斜地照

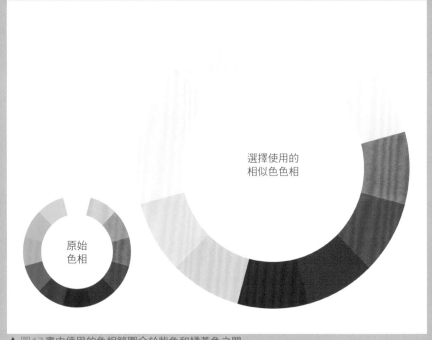

選擇使用的
相似色色相

原始
色相

▲ 圖17畫中使用的色相範圍介於紫色和橘黃色之間

下來，打亮中央坐在石頭上的小女孩身影。有可能是秋天傍晚的光線，陽光從低垂的雲朵後方透出來，使四周景物籠罩一層昏沉的金黃色。

至於色彩協調方面，這幅畫的色盤落在相似色協調類別，大部分的顏色集中在色環上很窄的一區裡，包含大部分的紫色範圍，還有主角輪廓周邊的橘黃色（圖17）。

▲ 圖18頭髮和衣服顏色被環境光影響，但仍然看得出差異

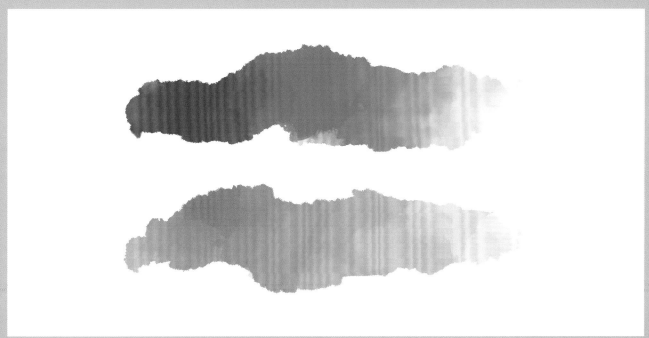

▲ 圖19混入比較灰的色調，幫助將紫色和橘色統合成更低調，迷霧般的色盤

統合固有色

接下來就是考慮畫面中物體的固有色，如同我們在第70頁講過的。在使用強烈的主導顏色創造畫面時，物體的顏色會隨著照亮它的光源，以及環境裡任何與它互動的顏色變化。

比如說女孩的橘紅色頭髮和粉紫色洋裝深深受到周圍環境顏色影響（圖18）。雖然她的洋裝和頭髮有其強烈的特色，混入中性灰卻能改變它們的色調，更融入畫中環境，給色盤一致的視覺效果和感覺（圖19）。

▲ 圖20 女孩的頭髮需要使用低調的混色，才能在突顯之餘又顯得自然

照亮女孩的髮色

縮小範圍觀察，我們可以看見女孩泛著橘色的頭髮和光線之間的互動必須協調。女孩的身體背著耀眼的陽光，使向著我們的頭部一側比頭髮邊緣暗（圖20）。為了表現這一點，畫家需要使用大範圍的明度。

女孩頭髮的主要色相是中性焦褐色，需要調整它的明色調和暗色調，達到想要的色調。

要做到這一點，畫家在褐色裡混入白色和黑色，創造出大範圍的色譜。為了活化只使用純白和純黑造成的死板色調，畫家又從附近的色環位置導入一點檸檬黃和珊瑚橘（參見右頁）。這些顏色會帶給頭髮豐富的色調變化，同時保持想要的明度與暗度。

在灰色背景上混色「規則」

　　最後一點，你可以看見下面這些顏色的背景是中性灰。這個祕訣對你選擇以及使用顏色很有幫助。如同我們在第72頁談到的，要用肉眼判斷白色背景上的顏色是否適合，是非常困難的——因為白色背景會使顏色看起來太深，但其實可能太淺。

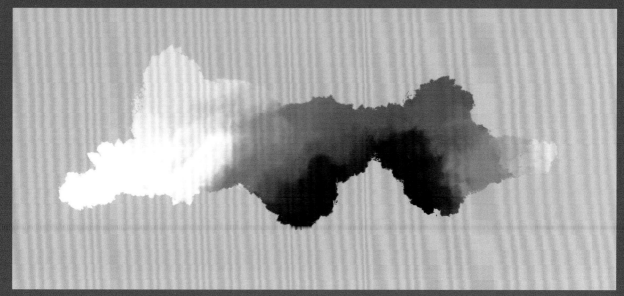

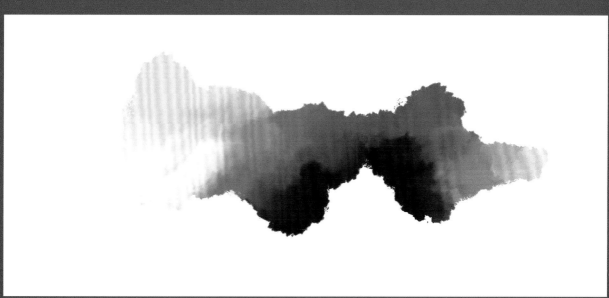

▲ 在白色背景上混色時，想得到正確的色相和色調並不容易

《寬鬆的襯衫》

彼得・波拉克（阿普特勒斯）

工具：Adobe Photoshop 和 Corel Painter

「這幅畫是只有一個動作元素的簡單肖像畫。它一開始只是習作，沒有任何特定目標，但是當我決定它的發展不僅只於每天的速寫時，就決定讓它保持簡單，重點放在顏色和材質上，用最少的形狀，盡可能將它們畫得逼真。

使用的色盤是一邊畫這幅畫時的實驗色盤。畫基底色調時，我百分之百用到的都是隨機的顏色，而不是只用各種灰色，因此創造出包括整個色譜的基底，卻又不會太搶戲。

等形狀或多或少就定位之後，我再慢慢疊上低調的顏色，只在某些關鍵位置加強某個特定的顏色，除此之外就是保持畫中材質的珠光感。快畫完之前，我在整幅畫表面刷上一層溫暖的顏色，使色彩更有整體感。」

《海底》
愛蕊斯・瑪迪

工具：Adobe Photoshop

「我想試著畫海底景觀很久了，可是總是因為害怕而沒動手。有一天我終於決定讓自己大膽實驗，認為這個過程雖然有挑戰性，可是一定也很好玩。當時我已經想到幾個元素，還有我想捕捉的感覺。和描繪陸地元素相較，畫這幅畫帶來的自由和放鬆令我感到振奮不已。海底生物有一種來自外太空的感覺——無論牠們會不會移動——不只是珊瑚、魚類、其他生物，更包括岩石、水、質感、風化狀態、甚至殘骸，以及沒有重力的狀態。

正是這股魔力給了我靈感，直到如今仍然會在我幻想這些情景時喚醒我的想像力。我畫這幅畫的當時得以放手揮灑不同的繪畫技巧。從某方面來說，我認為那種自由也被我添入了畫面中（讓它看起來有些天真），另一方面來說，使它顯得不受拘束。當時的我緊緊跟隨自己的直覺，現在還是，可是現在的我絕對會考慮更多畫面裡想表現的元素，以及如何將概念表現得更好。

這幅畫對我來說算是成功了，因為它混合了許多群組、比例、層級關係，建立亂中有序的畫面。像這樣的圖在視覺上有可能會很混亂，所以你必須知道哪裡得收斂，而且得把一些元素收攏在一起。每一座彩色的『島嶼』都有刻意壓低的色調，才能使眼睛看得舒服。畫面比較不仰賴形體和光線，而是形狀、材質、顏色。由於形狀和動線，觀者的眼睛才可以在畫面中自由移動，而且因為每個物件都使用協調的手法描繪，沒有格外刺眼的元素。顏色的飽和度也符合某種『整體邏輯』，雖然並非以寫實手法描繪。

這就是我認為在我們創作的每一幅畫背後強化它的規則。我們創造一組規則，只要依據這套規則，呈現出來的現實就能使人信服。也許某些人覺得這個說法好無趣，可是我可以保證絕對不無趣！因為這一幅畫的規則就是既輕鬆又好玩的。」

《受困許久》

愛蕊斯・瑪迪

工具：Adobe Photoshop

「我想像一艘與沉沒時相較已經面目全非的沈船。它周遭的世界隨著時間和大自然不斷改變。首先，畫面應該要比較封閉，正常的畫面配置大概是在眼睛位置。我真的很喜歡在腦中想像這艘船的外型；還想像了假如真碰上一艘沈船的話，該是多麼令人驚喜的經驗。你也許會猜：『這艘船怎麼會在這裡？』向上指的船型使人覺得是從下方往上看，畫面裡也有其他類似具有能量的形狀。因為這個原因，我認為叢林是很合理的選擇——藤蔓、樹木、茂密的植物。

原始的色盤比較『寫實』。在大部分的繪製過程中我都保持在綠色和藍色，可是後來發現這樣很無趣，根本沒有傳達任何情緒。我永遠都在對抗自己用單調的色盤開始一幅畫的傾向。我會這樣：『我要畫的是叢林，那就應該用很多綠色……』然而，對我來說更重要的是以誇大的手法描繪某種情緒、氣息、光線、或想法，而不是僅只畫出某個看起來很正確或符合現實的東西。我的靈感來自於我喜歡的藝術型態。動畫的視覺建構就是格外有力的例子；每個面相都是為了整體而設計。我很愛這種做法，也希望自己做到，因為它既有效又充滿表現力。

在繪製過程中，我時不時停下來問自己：『如果我把這裡朝另一個方向發展，能不能表達更多想法？』到最後，紫色和黃色的色盤感覺最好。對我來說，結合了我想要的色調和光線之後，整幅畫看起來溫暖、富奇趣、又帶點浪漫。除此之外，我還用這個補色色盤畫了其他幾幅我很喜歡的作品。」

《第二顆太陽》

馬克辛・寇澤尼可夫

工具：Adobe Photoshop

「《第二顆太陽》在一剛開始只是簡單的攝影習作，但是一如往常，我很快就陷入一大疊參考資料裡。我先從古金字塔建築和其他遠古遺跡開始研究，後來又設計了幾個概念，用在其中一個構圖裡。我的目標是探索讓我深深著迷的新配置手法。我習慣每天做這一類的研究和探索，有時候能夠得到像這幅畫這樣的成品。這些研究大部分就此永遠待在我的檔案夾裡，或許有一天我會再度發掘出它們，將它們應用在新的作品裡。

對我來說，最困難的部分是將我的原始黑白素描轉化成彩色。只用線或色調設計很簡單，可是接下來我面對的挑戰就是把形狀和色調詮釋成一幅畫作了。畫這幅畫時，我實驗了不同的技巧。比如我試著用Photoshop的混色功能替素描上色，然後把照片疊上去，可是這些做法都不管用。

到最後，傳統做法得到的效果反而最好。我從素描開始畫彩色稿，將灰階素描當作形體和光線的指引。橘色和紫色的互補色色盤創造出夕陽西下的氛圍，冷調的陰影和溫暖的岩石及天空形成搶烈的對比。豪邁、特意強調的陰影形狀更加強了對比效果。慢慢地，畫開始成形了，我終於畫出能夠值得示人的畫。對我來說，每幅畫都是一場不同的仗，並沒有通用的打仗祕訣。我只是應用所有可得的工具，直到我畫出令人滿意的結果。」

繪圖ⓒ馬克辛・寇澤尼可夫

構圖

**安德烈・利亞伯維契夫&
戴夫・松提亞內斯**

　　想了解構圖，你就必須先了解構圖的理論。構圖是建立在科學基礎上的：數學使我們能計算幾何和透視；物理決定顏色和光線；生物和生理控制我們的眼睛和大腦；心理學操縱我們對眼中所見事物的認知以及它們對我們的影響。所有這些元素都能左右我們對一幅畫優劣與否的評斷。

　　了解我們的認知如何影響自己了解比例法則、對稱、韻律是很重要的，這三點是構圖的基石。有些藝術家對於研究藝術背後的科學感到猶疑，因為擔心如此會妨礙他們直覺性的自由思考，可是自然世界正是最偉大的構圖導師，我們應該放心接受它的指導。記下這些法則能夠為你創作的畫線添加寫實感和悅目的氛圍，觀者將會沉浸其中，感覺「到位」。

▲ 圖01 這幅畫的視覺焦點是根據黃金比例配置的，使畫面的構圖重量更強

構圖工具

在我們討論所有能夠強化構圖的視覺元素前，要先看看創作畫面的過程中可以應用的特定工具：黃金比例和三分法。

自從李奧納多‧達‧文西的時代，像這一類的工具就已經幫助畫家們配置畫作裡的重要物件了，比如視覺焦點和其他引導眼睛在畫布上流動的設計元素。所有這些構圖工具都是為了避免呆板或沉悶的構圖。但是這些「完美」系統的

缺點在於它們沒有「完美」的應用方法，至於該「如何」應用它們也沒有定論。不過，研究這些工具的來源和應用領域，對於替任何構圖添加更多力度和可信度是至關重要的。

黃金比例

從古至今，畫家們不斷尋找重現大自然之美的方法；特別是運用某些建構形

體的概略標準。這些針對比例和構圖的研究也牽涉了分隔和對稱，並從中得出某些關鍵概念：藝術家能夠使用不間斷的分隔法重現自然結構，將畫中主題同時視為整體與分隔的區塊。

以上就是黃金比例原則的由來，它的歷史既有趣又浩瀚。黃金比例原則剛成形時，這個祕密曾被狂熱地保護起來，收藏在少數幾個被選中的人才能閱讀的祕密信件裡。它能被應用在許多結構

繪圖 ©A‧利亞伯維契夫

上：我們的生活環境、建築、設計、數
學、以及其他研究黃金比例的專業中。

　　人類的大腦會即時在無意識中量測我
們眼中見到的物體，並且評斷該物體看
起來是否美觀。使用黃金比例將你的畫
布有協調性地區隔出尺寸各異，但是符
合比例的區塊（**圖01**），然後將有趣的視
覺元素安置在這些線條上，創造出比分
區不同又缺乏邏輯的構圖更吸引人的畫
面。設計黃金比例的手法有很多種，可
以應用的形狀範圍很廣，可是在下面幾
頁中，我們會著重在對藝術家最有用的
兩種形狀：在長方形畫布上找到黃金比
例，以及經過時間考驗的「黃金螺旋」。

藝術史：
黃金比例的由來

最後一點，你可以看見下面這些顏色的背景是中性灰。這個祕訣對你選擇以及使用顏色很有幫助。如同我們在第72頁談到的，要用肉眼判斷白色背景上的顏色是否適合，是非常困難的──因為白色背景會使顏色看起來太深，但其實可能太淺。

黃金比例的由來和義大利數學家有很深的淵源。比薩的李奧納多，又稱費波那契（Fibonacci），曾寫過一本書《Liber Abaci》（《計算之書》），詳述了中世紀所有已知的數學問題，並且將印度──阿拉伯數字帶進歐洲。

這些問題的其中之一是「一對兔子能在一年中生出多少對兔子」。從這個問題開始，費波那契開始以0，1，2，3，5，8，13，21，34的數字順序，每一個數字都是前面兩個數字的總和，用前一個數字除緊接著的數字，就能得到黃金比例數字：1.618。對螺旋和數字的認知就此建立，黃金比例原則也因而誕生。

在其他學術領域裡的研究也發現自然界裡類似的序列。對黃金比例的興趣大增，並且開始被用於科學、幾何、甚至建築案例裡。

義大利數學家盧卡‧帕西奧利（Luca Pacioli）在《De divina proportione》（《神聖的比例》）一書中使用了李奧納多‧達‧文西的插圖，幫助釐清大量關於黃金比例的疑團。同時，德國藝術家和數學家阿爾布雷希特‧杜勒（Albrecht Dürer）開始發表關於構成比和比率的論文，進一步探討藝術和數學之間的關聯。

長方形裡的黃金比例

長方形是最常用畫布形狀，所以讓我們先看看如何計算長方形的黃金比例。這是所有算式和量測裡最簡單的，是我們挑戰更複雜形狀之前的好案例。

圖02中是根據黃金比例分割的長方形，我們沿著從A到B的紅線找出它的比例。在圖03和圖06裡的過程乍看之下很複雜，其實只運用到非常簡單的量測。

· 先量出A和B之間一半的長度，以紅色虛線表示（圖03）。

· 以B點為端點，畫出一條同樣長度的垂直線，如圖04中從B到C的綠色線。畫一條連結A和C點的線，形成三角形。

· 旋轉綠色的CB連線，找到它和AC連線相交的點（或是旋轉一半的AB連線，如黃線所示）。得到圖05裡的D點。

· 向下旋轉AD線，得到AB紅線上的黃金比例定位點。也就是圖06裡的E點。

如果黃金比例線位於畫面左方，它與左邊的距離就會等同於右黃金比例線與右邊的距離，如同圖02裡的灰色實線。這個量測方法適用在長方形橫向版面上；至於直向長方形，你只要從版面的長度，而不是寬度著手即可。

在下一頁的圖07中，你可以看見這些原則應用在長方形畫布上的效果，能讓你感受一下黃金比例對畫面的影響。

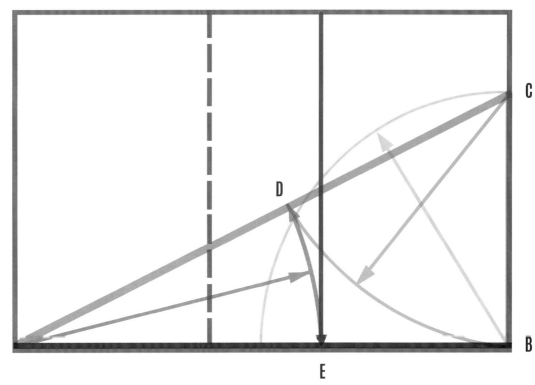

圖02灰色線表示這幅長方形畫布裡的黃金比例

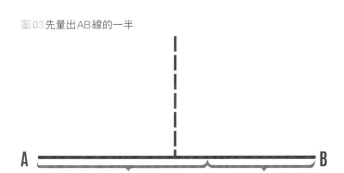

圖03先量出AB線的一半

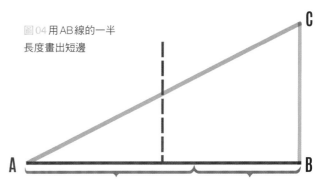

圖04用AB線的一半長度畫出短邊

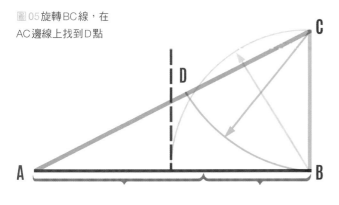

圖05旋轉BC線，在AC邊線上找到D點

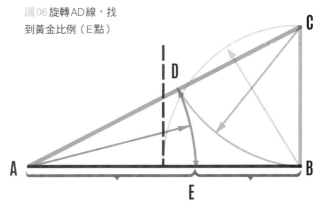

圖06旋轉AD線，找到黃金比例（E點）

▲ 圖07 我們能夠透過主要視覺焦點的配置加強構圖力道，比如將畫中人物根據黃金比例置於焦點

當你第一眼看見**圖07**的時候，眼睛會首先被站在樹旁的女人吸引。這是因為她站在黃金比例線上，形成在比例上很悅目的清晰視覺焦點。

要達到這個目標，我們可以在素描初期階段中使用測量出的黃金比例，再將人物和樹木放置在線上。最終畫作裡的人物透過光線和顏色的對比，在周遭環境中顯得非常鮮活有力。

螺旋形裡的黃金比例

黃金螺旋又稱費波那契螺旋，是提到黃金比例時，藝術家們會最先想到的。這個螺旋根據費波那契的無限數列而依等比例增大。**圖08**裡的正方形每一邊都符合**第94頁**裡提到的費波那契數字；正方形合起來成為長方形，畫一條曲線連結所有的正方形和長方形，就能得到不斷增長的螺旋形狀。

圖09裡是一幅畫作中的螺旋形，在潛移默化中導引優美的風景曲線，畫家藉由這條曲線替畫面中的主要視覺焦點定位。

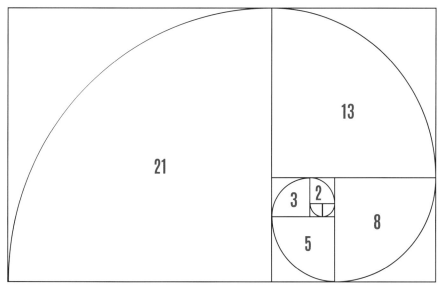

「黃金螺旋，
又稱費波那契螺
旋，是藝術家們
思考黃金比例
時最先想到的」

▲ 圖08 黃金比例螺旋可以藉著加起前面形狀的邊線而不斷擴張

▲ 圖09 根據黃金比例配置主要視覺焦點，比如畫中的某個結構或主角，得到加強構圖的效果

三分法

三分法是另一個以數學為基礎的構圖工具。黃金比例是公認的完美比例，而三分法算是簡易的法則——容易概略地推測出黃金比例。構圖的目的在於平衡配置各種形狀和其他設計元素，避免將重點直接放在畫面中央。根據三分法或前面已經看過的黃金比例移動比較重的元素，能夠讓你用更戲劇化的方式在畫布上平衡它們（**圖10**）。要創造三分法的基準構圖，你只需要將畫布以水平和垂直方向分割成三等份，得到九個正方形或長方形。將你的視覺焦點放在這些井字線的交叉點上，就能創造充滿能量的構圖。

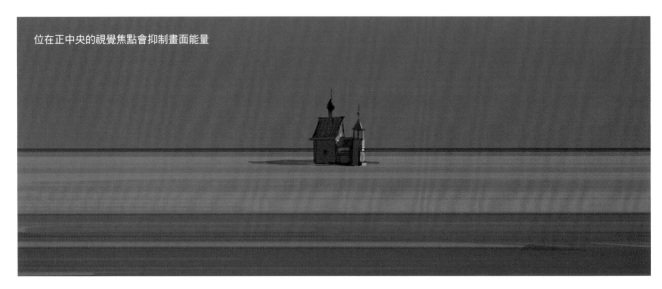

位在正中央的視覺焦點會抑制畫面能量

將地平線降低，增加天空的面積，使環境顯得更開闊

練習構圖

應用這些構圖工具最好的方式，並不是把它們照本宣科地以格線方式畫在畫布上，作為「完美」構圖的唯一指標。而是在事後用它們分析你的設計——尤其是不對勁的設計。如此一來，你會相信自己的設計直覺，並進一步發展判斷能力，而非過度依賴也許無法概括應用在你所有畫作裡的構圖系統。

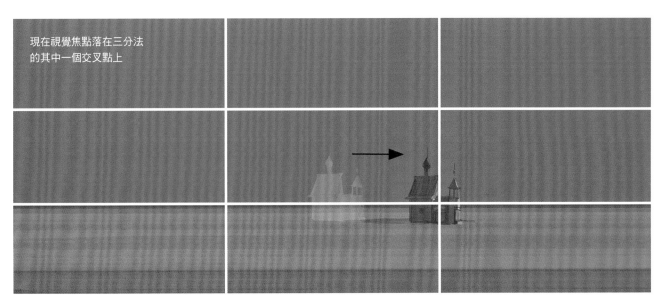

現在視覺焦點落在三分法
的其中一個交叉點上

最終的水平線和視覺焦點位置

▲ 圖10 最終畫作的構圖比第一個版本更美觀，也更自然

構圖條件

現在你已經熟悉用來計畫構圖的工具和法則了，在這個段落裡，我們要探討更廣泛的構圖視覺元素和特徵。下面有些元素可以在任何畫面中看到；藉由辨識它們和判別它們的效果是否成功，能幫助你創造富有能量又有效的構圖，將觀者深深吸引進你的畫作裡。

平衡

在討論構圖時，平衡指的是畫布範圍內主要形狀的平衡配置。要遵循的概念是讓視覺重量平均地分布在畫布上。要達到這個目的，重要的一點是了解構成形狀的元素，以及帶給形狀「視覺重量」的條件為何。我們通常會混淆「形狀」與「物體」；每個物體都有它自己的形狀，但是當三個物體聚成一個群組時，也許會形成一個整體形狀，而不是三個。聚集幾個個別物體就是增加視覺重量的方法之一。

視覺重量

每個形狀的視覺重量是由它的顏色、明度、尺寸決定的。從色調來看，對比強的區域會具有比較重的視覺重量。比如說，白色背景放置一小塊深色形狀，就會產生很重的視覺重量。反之，一大塊顏色和背景相似的形狀，視覺重量就會大幅減輕。

高飽和度顏色的形狀放在低飽和度顏色背景上，其視覺重量會比低飽和度形狀放在同樣背景上來得重。如果其他條件都一樣，大塊形狀的視覺重量會大於小一點的形狀。

要達到平衡，指的不一定是將同樣尺寸和數量的形狀放在畫布兩端。雖然這樣做也許能創造平衡的構圖，卻多半不是有趣的設計，因為沒有任何一個元素居於主導地位，畫面會缺乏焦點。一個製造平衡的好方法是在畫布一邊聚集不同尺寸的形狀，另一邊則使用一塊大的，顏色淺的形狀。若是形狀尺寸小，顏色深，那麼就能用它製造的大塊負面空間來平衡。結合多樣化的形狀和視覺重量，就有製造平衡構圖的無限可能。

圖11 和**圖12** 兩個平衡的例子乍看之下是很平均的分配，但是你會注意到其中的元素並不完全一樣，也不是靜止的。從畫面中央切過的小溪將畫布分成兩個相等的區塊。小溪約略朝右下角方向流動，但是藉由左上角遠方的樹木達到平衡。

樹木替左上角增加重量

小溪替右下角增加重量

▲ 圖11 這幅畫以樹木和小溪等有機的自然景物元素平衡構圖

圖12這幅風景畫裡的左右兩邊
看起來很相似，卻是藉著各種
環境中的細節達到平衡

▲ 圖13和朦朧的背景相較，畫中老船占的區域很小

在**圖13**和**圖14**裡，老船具有重量的形狀透過周圍的大塊負面空間得到平衡。在負面空間的水平線上有一些色調變化，加上左上方穿過霧氣的光線視覺焦點，稍微為負面空間增加了重量。

廣大的負面空間

顏色深的船雖然小，卻有很重的視覺重量

▲ 圖14廣大的負面空間不僅平衡了構圖，還敘述了這艘孤絕、布滿銹蝕的小船背景故事

《停泊在貝拉胡里旭湖畔》© 戴夫・松提亞內斯

視覺焦點

視覺焦點是畫作裡能在視覺上引起觀者興趣的中心點。一幅構圖中可能有數個視覺焦點，但是最好是有一個負責主導，其他負責補強。如果你安排太多視覺焦點，觀者將會難以分辨它們在畫面裡的重要程度，因為眼睛不能同時觀察兩個或三個位置。

視覺焦點的類型

視覺焦點是透過不同設計元素的使用方法造成──尤其是形狀、色調、顏色還有邊緣。人眼通常會專注在畫面裡的差異或對比上。當我們創造與周遭背景不同的物體時，就是在創造視覺焦點。

假使一幅畫裡所有的邊緣都很柔和，你再加入邊緣銳利的物體，這個物體就會成為視覺焦點。如果你有明度高的物體，放在明度低的背景上；或是一群水平形狀之中有一個垂直形狀，就能立刻創造出視覺焦點，無論你是否刻意。顏色也能發揮作用──如果你有一個彩度很高的物體被低彩度的灰色包圍，觀者的注意力就會被高彩度物體吸引。

安排視覺焦點

根據黃金比例或三分法等構圖原則，在畫布的四邊之內安排視覺焦點，會進一步提升視覺焦點的重要性（參見**第92頁**）。視覺焦點可以和其他構圖條件結合，引導觀者的眼睛在畫布上移動，幫助你敘述畫裡的故事。

在**圖**15和**圖**16裡，主要的視覺焦點顯而易見──右邊的穀倉具有幾個幫助吸引是線的對比元素：背後襯著明亮陽光的深色調；泛紅的穀倉整體色彩與畫面中低彩度的其餘部分；穀倉銳利的邊緣線與周遭柔和邊緣線的對比；它的形狀尺寸和重量使它看起來與畫面裡任何一個形狀都不同。穀倉的位置也約略使用了三分法。畫面裡還有其他擔任配角的視覺焦點，比如背景的山丘，不過雖然山丘的形狀和尺寸都和穀倉很類似，卻只有很少的同樣程度對比。

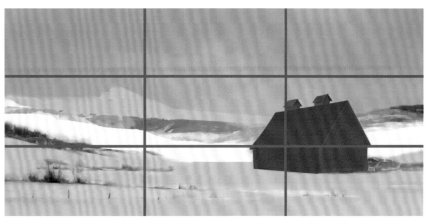

▲ 圖15穀倉的對比特色使它成為這幅畫明顯的視覺焦點

▲ 圖16銳利的邊緣線和溫暖的顏色，使穀倉從寒冷柔和的雪地和天色跳脫出來

比重

　　就如比重在構圖裡的角色，它不光是能提供畫布中不同元素之間相對尺寸的參考，更提供了元素與整幅畫布的尺寸參考。用另一個方式說，就是我們根據不同元素的尺寸和視覺重量分割畫布的比重，用以建立視覺重量和元素的重要程度。比例的一個例子就是在風景畫裡分割地面和天空的手法。如果畫面的重點在於特殊的雲層，就不應該將四分之三的畫面用於表現地面。如果一座山裡的湖泊占了畫面一半以上，便很難說服觀者該畫作的主題其實是其他元素。

▲ 圖17 洶湧蓬勃的雲層占了這幅風景畫裡相當大的區域比重

戲劇化的雲層
幾乎占滿整幅畫布

地面和建築物與雲層
相較之下顯得渺小

▲ 圖18 比重創造了寬闊富戲劇性的觀感，使地面和建築物更形渺小

分割畫布

分配多少版面給每個元素，取決於畫家本身對視覺美觀與否的判斷，但是我們仍然能夠依靠數學原理的引導來幫助做決定，比如在**第92頁**討論過的黃金比例原則和三分法。

圖17和**圖18**中，煙霧和火光瀰漫的天空占了畫布面積的三分之二，其他三分之一是地面。右邊的農田是關鍵視覺焦點，和整幅風景形成精確的比例關係，但是和廣闊的天空相較，卻渺小得不成比例。所有這些比重關係都描述出農場在險惡的野火中微弱的地位。

其他元素的比重

比例原則也能用在構圖裡各個設計元素的相對關係。比如飽和與不飽和顏色的比重，銳利邊緣和柔和邊緣的比重，光線和陰影的比重，或甚至寒冷和溫暖色的比重。

圖19和**圖20**呈現的是比重應用在其他設計元素上。在這幅畫作中很重要的一點是，決定將多少面積分配給明亮區域，又有多少分配給陰影。最終的明亮和陰暗區域分割線是根據黃金比例（**第94頁**）而定的，畫面設計也令人聯想到黃金螺旋。

▲ 圖19 明亮和陰影比例將觀者視線引導到雪景深處

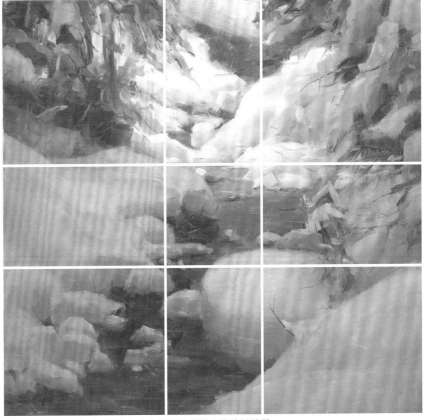

▲ 圖20 光線和陰影是能夠和其他構圖工具結合的設計特質

《冬天的大熊溪》© 戴夫・松提亞內斯

引導觀者的視線

在建立構圖時,你能夠主導觀者在畫作裡漫步的動線,控制畫面要傳達的訊息。這就是所謂的「導引眼睛」。透過某些設計元素的配置,你可以在畫布上創造出視覺地圖,告訴觀者視覺事件發生的先後順序。這一點的重要之處不光是引導觀者望向主要的視覺焦點,還有控制視覺故事的敘述方式。

利用視覺焦點引導

要做到這一點,一個方法就是安置主導和從屬視覺焦點。我們之前討論過了,視覺焦點是由對比組成的,人眼會受這些焦點吸引。你可以利用這種人類特點和你對設計元素的認知(比如形狀、顏色、色調),告訴觀者應該看哪裡。這些視覺上有趣的焦點位置和它們扮演的主要或次要角色,能夠決定它們的視覺順序。

利用形狀和線條引導

你也可以利用形狀和線條,在不同的視覺焦點之間引導視線,因為我們的眼神通常會在下意識之中跟隨這些視覺提示。這些方向線可以是顯而易見的線條,比如溪流的邊線;或者無形之中的,比如騎師投向遠方山脈的視線。許多方向性線條和形狀能在環境裡自然生成——道路、河流、岩石、木頭、或單點透視的城市街道——它們都能在畫面中協助引導觀者的視線。

圖 21 裡,我們的眼睛會朝右上方順著河流移動。然後隨即跟著明顯的柳樹叢排列角度,折回到左邊,抵達畫面的主要視覺焦點,也就是照亮遠方山脈的光線。

圖 22 裡是視覺移動方向線,觀者會隨著騎馬者的視線來回移動直到山脈。

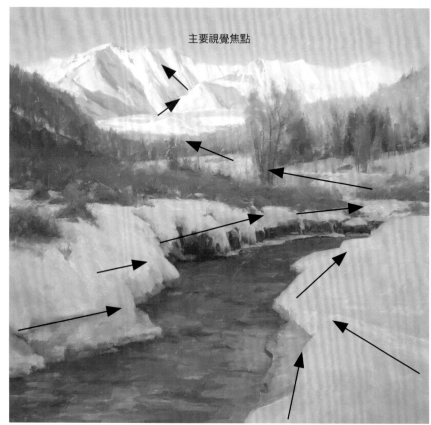

主要視覺焦點

▲ 圖 21 周遭環境的特徵用來引導觀者視線抵達遠方山脈

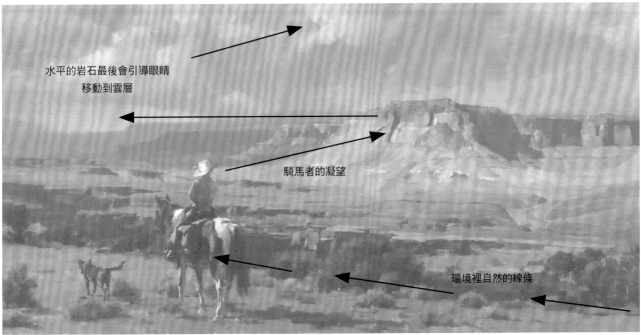

水平的岩石最後會引導眼睛
移動到雲層

騎馬者的凝望

環境裡自然的線條

▲ 圖 22 觀者會自然而然地望向主角注意的物體

《獵捕》

瑪堤娜・法琪柯娃

工具：Adobe Photoshop

「這幅個人作品的靈感發生在我在上塔特拉山滑雪的時候。我想像一位農家女孩由於某種與眾不同的原因，在冬天裡被村民當作怪物獵捕。她死去父親的劍是逃命前唯一來得及抓住的珍寶。

我總是試著畫出使觀者感到充滿真實感的主角。在這幅畫作裡，我要觀者感覺到皮膚上寒冷的冰雪，和臉頰表面下發燙的血液。我的目的是敘述具有可信度的故事，並且永遠使用能吸引並且抓住觀者注意力的元素。

我在這裡使用了幾個構圖元素，幫助我創造出最好的視覺效果。最明顯的就是女孩背後一大叢被雪覆蓋的灌木，框住頭部和上身這個主要視覺焦點。灌木枝條也能幫助製造被困住的感覺。暗色調和明色調的對比配置在畫面中形成的色調結構是觀者永遠會第一個看見的特點，就算畫作很小或者是灰階也不例外。

顏色是另一個我用來幫助引導視線的工具。紅色頭髮很自然地先抓住視線，把我們帶到女孩的臉孔上。然後我們的眼睛會跟著線條向下移動，看見她的傷口或是凍僵的手指。橘色葉片幫助主角與周遭環境連結。整個畫面都經過仔細的設計，使眼睛在畫面中移動，而不會遊走到畫面之外：比如指向女孩的枝條、『困住』她的大叢灌木、還有她朝向畫面中央的頭部。最後一件我刻意設計的就是她的四隻手。我不想要觀者一開始就注意到女孩的怪物特徵，所以特別把手『藏』在她的身體輪廓裡。」

▲ 圖23 觀者的視線自然地順著溪流往上移動抵達遠方明亮的樹叢

韻律

我們的視線在畫裡移動的時候，也許會發現從某個部分移到另一個部分時的動作具有節奏。這就是韻律。韻律通常被應用在音樂和寫作裡，視覺藝術裡的韻律不容易被定義，可是非常近似於「引導視線」。

差別在於引導視線的時候，我們提供觀者行走於畫面裡的地圖，視覺韻律提供的是從某個視覺上很有趣的區塊移動到另一個區塊時的節奏。所以無論韻律是規律、隨機、交替、順暢流動、或其他任何模式，都是很有用的構圖手法，幫助我們傳達畫作的整體情緒。

比如在**圖23**和**圖24**裡，岩石沿著溪流的重複配置模式能在觀者從一堆石頭移動到另一堆石頭時，默默地創造出逐漸加強的韻律，最終以盡頭明亮的視覺焦點作結。這樣的構圖結構既低調又有機，與環境融為一體的手法使觀者毫無所覺。

在替畫面構圖時，要考慮如何將物體或其他元素放置在裡面——比如類似的形狀或重複出現的細節——藉此引導觀者沉浸在畫面中，控制眼睛在畫面遊走時的步調。

「視覺韻律
能提供我們
在視覺焦點之間
遊走的節奏」

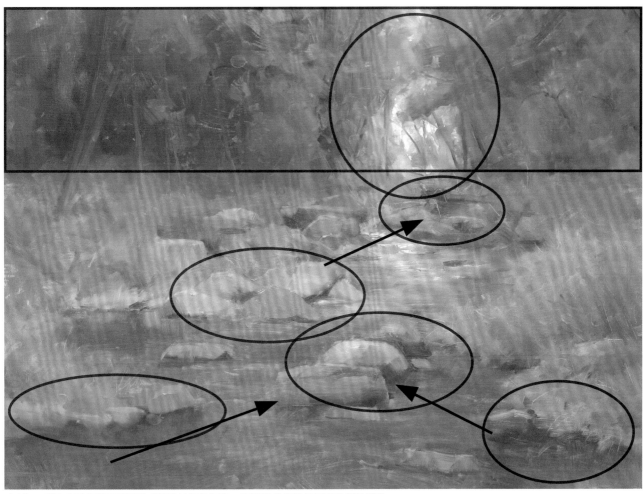

▲ 圖24 重複出現的岩石形狀形成隱約的韻律元素，引導觀者的視線朝視覺焦點挪動

分析構圖

　　如同本章一開始提到的，這些構圖元素會出現在任何作品中，無論我們是否有意識地認知到它們的存在。試著欣賞一幅你最喜歡的畫家作品，看看你是否能辨認出這些元素，並且分析它們對畫面的作用。在創作你自己的畫時要考慮是否有你能夠比較用心使用的方法，或者是否能夠將新的元素或構圖導入你的畫裡。這樣一來能夠使你的畫更有效果，或是將已經很好的構圖往上推一層，成為絕佳的構圖。

《女巫》
瓦蕾拉・路特芙琳娜
工具：Adobe Photoshop

「一開始我畫這幅畫時，根本不知道結果看起來會是什麼樣子。首先，我想到的是克洛沃，一種古老的斯拉夫舞蹈，然後認為畫面裡應該有很多山羊，其中一頭白山羊以後腿站立，帶領舞蹈。可是這樣會讓畫面焦點四分五裂，後來我決定放棄白山羊的點子，轉向人類主導的畫面。一位負責主角位置的女子，由她帶領這場狂熱的異教慶典。

我想創造一種在暗中或夢裡觀看的感覺，畫面裡的活動原本不是讓好奇的人們偷看的，所以我留下很大片的草原空間。它使觀者和慶典之間充滿距離。

我使用單純的三分法將畫面切割成不同部分：黑暗的地面和明亮的天空。畫面中的色調對比是最明顯的對比元素，藉著後方天空，幫助襯托出女子和身後動物們的輪廓。畫中的顏色和光線表示這可能是夜晚，也可能是白天，可能是夢境，也可能是現實──無法確實看出來發生什麼事。

為了鼓勵眼睛探索觀者和畫中主角之間的距離，我在構圖裡加入了大概呈S形的韻律，使用小溪和纖形科植物比較明亮的色調。這條動線引領觀者的眼睛先走向大山羊，然後是女子，她的視線微微瞟向我們，彷彿表示她已經發現觀者在偷看。」

▲ 圖25包括光線、比例、透視在內的多重元素結合在一起，組成這幅成功的構圖

加強構圖

現在你更熟悉構圖的基本元素和工具了，就可以開始將它們結合你對光線、明暗度、還有色相的了解，嘗試各種強烈的構圖，創造出戲劇性的視覺效果，或賦予畫面耐人尋味的涵義。即使畫面只有無雲的藍天和綠色的草地，分割畫面的地平線就是重要構圖工具。任何被放在空白畫布上的物體都能影響構圖。

藝術家們創作的時候通常都依循感覺和衝動，但是這樣做卻有可能造成視覺上的錯誤。在開始速寫畫作之前一件很重要的事就是在腦中想像你的最終畫作。想像畫裡的每一個元素會位在哪個位置，比如水平線；還要視覺化你想用的光線和色盤，因為這些都會影響構圖。

一般來說，構圖仍然多少受到感覺左右。少了想像力、幻想、或是靈感，一幅畫通常也會缺乏衝擊力。然而，分析和使用構圖配方來支持你的創作概念是必要的。

結合你的技巧

　　進階畫家們都很清楚，在找到強有力的構圖之前，沒有必要只著眼在畫中的單一元素上的；即使單一元素處理得很好，失敗的構圖仍然會使它們失去張力。學會在創作畫面時結合不同面向，能幫你創造出各層面都很成功的鉅作。

　　圖25使用多種元素，比如我們在**第106頁**和**第110頁**講過的線性和重複元素，創造出令人深陷其中的構圖。它也包含對比強烈的光線和陰影，不同比例的物體，我們會在之後幾頁作討論。

使用光線構圖

在〈光和形狀〉（第8頁）裡已經了解到光線可以說是創造氛圍時最有力的工具，使觀者的眼神集中在構圖裡的特定區域。

一個對比度很強的形狀，無論明亮或黑暗，在觀者眼中都能強烈地跳脫出來，成為重要的構圖元素。比如在圖26裡，光線明暗度在畫面中創造出等同於一個「物體」的效果。觀者的眼睛會馬上被吸引到具有人形輪廓的明亮形狀裡，並不是因為它的位置接近黃金比例而非常顯眼（第94頁），而是因為明暗的對比如此強烈。

少了明暗度變化，沒有哪個藝術家還能創作；這些明暗度可以是明亮的，中間調，或是黑暗的。光線和明暗度能在畫面的構圖裡扮演舉足輕重的角色，你應該運用這三種方法之一組織畫面：

· 明亮的物體配上黑暗的背景（圖27）
· 明亮或黑暗的物體配上中間調背景（圖28）
· 黑暗物體配上明亮背景（圖29）

▲ 圖26結合黃金比例和有力的光線變化，創造出大膽的構圖

▲ 圖27 你可以藉著明暗相間的配置創造大膽的構圖

▲ 圖28 這幅構圖在整體為中間調性的畫面中混合了明亮和黑暗的物體

▲ 圖29 黑暗的物體放在明亮背景上時，能創造強烈的視覺衝擊

▲圖30 這幅畫面的構圖大致上左右對稱，但是人形和岩石的形狀使它看起來不顯得過於靜止

活用對稱

完美的對稱鮮少出現在有機世界中，所以也不常被用來表達畫裡的有機物體。然而，過於破壞對稱也會被認為是不正確或甚至變形的。黃金比例的基礎在於找到一條線上稍微偏離中心的點，創造出傳達活力、動作以及故事發展的能量。它能在物體群組中創造變化，散發動態和不對稱性，看在觀者眼裡卻不會不舒服。

圖30和**圖31**的構圖約略以中央的垂直線呈對稱型態。然而，中線兩邊卻各具不同元素，偏離一邊的人形使畫面看起來更有機，也更吸引人。

如果你想畫出如**圖32**和**圖33**這樣的寫實效果，就能明顯看出何者的對稱比較沉悶，何者又比較有能量。由於有機物體永遠不是完全對稱的，我們也很容易辨認出哪一個版本的比例比較具有可信度。

▲圖31 岩石和人形打破了對稱，替構圖添加活力

▲ 圖32 相當程度的對稱固然看起來很悅目，完美的鏡射卻缺乏寫實個性，觀者會覺得看起來有點奇怪

▲ 圖33 這個版本保留了對稱元素，但臉部兩邊卻不是完全相同的

實驗比例和等比比率

比例

　　許多構圖是指使用比例建構而成的，能讓你將重要性放在某些物體上。我們不知道**圖34**裡的石柱尺寸，因為直到在**圖35**加入人形之後，觀者才了解到石柱的比例。這個做法能夠使觀者藉由物體和其他物體的比例關係判斷出該物體的尺寸。若是要給位於最前景的石柱更大的體積感，畫家可以將它延伸到畫布和構圖界線之外，使它顯得無比巨大（**圖36**）。

比率

　　在**圖37**裡，觀者會自動先看見廣大的空白區域，然後是懸崖，最後是懸崖上的騎士。這個過程只有一秒鐘的時間，而且觀者根本不知不覺。天空和懸崖戲劇化的等比例在觀者心中造成困惑和緊張感，並且開始自問畫面中發生什麼事。這是結束還是開始？騎士是遇到危險了，還是在欣賞風景？你要考慮在畫面中使用物體或空間製造平衡，使張力更強，比如**圖38**裡的戰士，是開闊的森林空間中的視覺焦點。

▲ 圖37 天空主導這幅畫面，替懸崖和騎士增加戲劇性

▲ 圖34 沒有比較小的元素做參考，觀者無法判斷物體的尺寸

▲ 圖35 小小的人形立刻清楚地襯托出石柱的巨大

▲ 圖36 更進一步放大石柱的尺寸，將它延伸到畫布外

繪圖 ©A‧利亞伯維契夫

▲ 圖38 光線、開放空間到黑暗部分,與具有細節的區域,這之間的比例,幫助引導觀者看見畫家想要他們看見的視覺焦點

▲ 圖39 畫面中有角度的透視會影響構圖和人物的配置

考慮透視

透視指的是觀者與畫面物體之間的相對位置。我們用雙眼看物體，可是只從一個透視觀點看一幅畫面；這個透視觀點來自於我們鼻梁上的一個角度。從這個點，觀者的主要視線會射向畫中一個主要的物體，而且可以跟著該物體向上、向下、或是位於同樣的高度。

透視之所以與構圖有關，是因為它代表你的畫作中從某個角度對主題的可見程度。觀者和畫中物體之間的距離和角度與作品構圖有直接關聯。透視會限制你在視野中見到的景物，由於這一點，同時考慮透視和構圖是很重要的。

圖39和**圖40**裡的透視有傾斜的斜角透視，會使人形比例變形，將第一個人形拉長，而最後一個縮短。有些人形的四肢呈現透視收縮效果（參見**第151頁**），也連帶影響他們在畫面裡的配置。

對畫家來說，要精確判斷畫面中任何物體之間的距離是有可能的，而且你永遠可以找到最適合的視點，進而操縱它。我們會在**第132頁**的〈**透視和景深**〉裡更詳細討論。

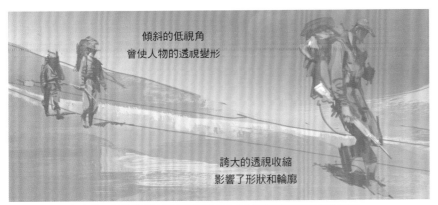

傾斜的低視角
曾使人物的透視變形

誇大的透視收縮
影響了形狀和輪廓

▲ 圖40 在這幅畫裡，稍微變形的透視是影響人物位置和距離判斷的關鍵元素

設計你的構圖

就連有經驗的畫家也不太可能在沒有計畫的情況下，第一次就畫出完美的構圖。試畫概念小圖是許多相關領域裡最常用的視覺創意練習（**圖41**）。這些小尺寸的概略素描能幫助不同創意背景的藝術家們測試構圖概念，探索處理主題的不同手法，在花時間進一步發展前，以最基本程度看看畫面效果。

每一個新的概念都需要量身訂做的構圖方法，而且藝術家們每一次都得重新尋找這個方法，否則概念將不能成功。光是遵循所有的構圖法則並不能保證能畫出絕佳的作品；要成功，你還必須用有創意的方法，替這張畫選擇最有關聯的概念和法則。構圖、主體位置、明暗度、對比、顏色，全都與概念是否能成功有關。以下是五個創造概念小圖時的實用規則。

保持小尺寸

雖然概念小圖可以比你的指甲大一兩公分，最好還是保持小尺寸。如此一來能夠鼓勵自己更大膽，更著眼在形狀，避免不必要的細節，也可以更快地畫完整張圖，不過根據你使用的媒材，越大的習作就得花越多時間畫完。介於四公分和八公分之間是很好的練習尺寸。

避免被綁住

由於概念小圖既小又潦草，你就不可能對它花太多心思。當你不被一個概念綁住的時候，就能自由地實驗，這是你在概念小圖階段必須有的態度。

少一點線條，多一點形狀

使用形狀和明暗度的意思不是指完全摒棄線條。我們畫圖的時候會很自然而然地使用線條，但是盡量將你的概念小圖重心放在主要形狀和明暗度上。避免使用超級細的筆或硬芯鉛筆；而是用能夠畫出大膽、有決斷力筆劃的繪圖工具，比如顏色深的軟芯鉛筆、寬頭麥克筆、或甚至毛筆。

使用有限的明暗度

形狀是由區塊或明暗色調定義的，所以使用很少的明暗度能夠直接強迫我們找到組成構圖的形狀。三個或四個適中的明暗度就夠我們捕捉到基本的構圖組織了。太多色調會使畫面變得複雜，混淆你的概念。

保持簡單

添加更多細節，並不會比只用基本形狀更能解決構圖問題。保持大方向，以形狀為主，避免畫精緻的細節。細部描繪是很有用，但是只能用來幫我們確定主要形狀的位置。

▲ 圖41 概念小圖對計畫構圖來說是必要的工具

▲ 圖42 這幅畫將對稱應用在人物和風景元素上，創造出充滿能量的有機效果

▲ 圖43 圖中使用了明暗度、色相、比例、質感、偏離中心的視覺焦點，畫面充滿深度和距離，使觀者產生共鳴

你的主觀看法

　　雖然這一章討論的是客觀的構圖計畫，在最後，我們要再加上主觀的因素。我們很容易就假設每個人在用眼睛看的時候，看到的都是相同的顏色或物體，但事實不然。我們的視覺將看見的物體反射到大腦裡，而我們也不會質疑眼睛所見物體的真偽，但其實基於我們期待看見的東西，大腦已經預先產生部分訊息。藝術家的工作就是要超越這些預設立場觀察，做出自己的判斷。

　　雖然在設計畫面配置和構圖時確實有可能使用完全客觀的原則，最後的作品仍然永遠是基於你的主觀看法，特別是當我們處理顏色的時候，因為顏色受到太多外來刺激影響了（**圖42**和**圖43**）。

　　優秀的藝術家常常自問：「這幅畫為什麼這麼有趣？是什麼讓它與眾不同？」除了美麗之外，人們通常也會被不尋常和神祕的特質吸引。亞伯特‧愛因斯坦曾說，一個人最深刻、最偉大的經驗就是神祕。雖然量測和公式配方很有用，藝術家仍然必須使用他們的直覺和想像來填補客觀計算無法填補的空隙，如此才能成就偉大的作品。

《蜂蜜獵人》

馬克辛・寇澤尼可夫

工具：Adobe Photoshop，3D繪圖

「這幅畫隸屬於一系列我為巴沙迪那藝術中心學院畢業製作創作的插圖。我想描繪某些遊牧民族的日常生活。畫中的兩個人靠著販賣非常稀有的蜂蜜維生,這種特殊的蜜蜂在古老遺跡上築窩。這個幅畫最困難的地方就是想出講故事的方法,再加上使用3D繪圖軟體的挑戰,那是我當時還不熟悉的領域。

由於故事性是這個作品中最重要的部分,我不僅想創造一幅好的構圖,還要藉著它傳達畫中世界的背景。最大的挑戰就是淘汰不必要的元素。我的原始概念裡有一頭類似駱駝的動物,幫忙在沙漠中載運蜂蜜;還有其他很多可能生長在遺跡附近的植物類元素和不同種類的樹。然而這些細節對故事本身並不是絕對必要的,會和建築結構互相競爭。

光線和情緒也是棘手的問題,因為很容易就會失去光線和冒險的感覺,使整幅畫的構圖變得黑暗骯髒,有違我的本意。雖然我很喜歡原始概念裡的細節,但是去除多餘得細節之後,最終構圖顯得明亮、開闊、又有魅力。」

繪圖©馬克辛・寇澤尼可夫

《通往山神湖的上山路……》

利納特・哈比羅夫

工具：Adobe Photoshop

「有一年夏天，我到阿爾泰山脈爬山，那是俄羅斯一個非常美的地方。我深深受到啟發：四散各處的大石、尖銳的岩石和山峰形狀、洶湧的藍綠色河流、各式花草。我格外記得石頭投射出的陰影，啟發我在作品中使用對比強烈的瘦長陰影。這些印象都是這幅畫有力的推手。

我想創造的構圖是大塊岩石和小小的身影之間強烈的對比，用比例呈現大自然的力量與偉大，在觀者心中引起更大的情緒衝擊。明亮的日光會從石頭上反射回來，製造目眩的效果，用強光照亮人形上，形成視覺焦點。

補色色盤賦予畫面更多對比，平衡了冷藍色的岩石和小塊暖色。許多書籍裡都探討過顏色的認知——我推薦你看瑞士畫家尤漢尼斯・依騰Johannes Itten和插畫家詹姆斯・顧尼James Guney的書。

我通常混合使用傳統和數位媒材，這幅作品裡先使用傳統單版畫，將圖案掃描之後加進畫面裡。這種使用質感的方法能避免岩石看起來太一致，而且它們的各種形狀創造出變化和細節，引起觀者對構圖的興趣。」

《上升》
艾克賽・薩爾瓦德

工具：Adobe Photoshop

「用數個人形構圖的概念已經在我的腦中醞釀許久了。有一次我在網路線上教學裡快速地畫一幅雲層速寫，結果正好讓我了解到自己的概念已經開始成形。這幅畫的目的是創造簡單但是搶眼的多重人形構圖，以前拉斐爾的風格作為人物和整體感覺的靈感。像這樣的畫作向來都是絕佳的學習機會。當你走出舒適圈，探索不太熟悉的畫面和主題時，能夠學到很多。

創造搶眼的構圖，挑戰之一是第一眼就要有強烈的張力，接著邀請觀者進一步探索畫面。這幅畫裡很重要的一點就是位於前景與背景群組之間的焦點，必須有清楚分界。人物的輪廓明顯易懂，背景則維持朦朧明亮。

接下來，我在前景的主要形狀之中安置各種形狀和細節，引導觀者的注意力放在位於主要人物的視覺焦點上。要創造可信度高的畫面，平衡前景和背景的各種明暗度也很重要，賦予畫面使人信服的氛圍深度。」

透視&景深

羅貝托・F.・卡斯楚&戴夫・松提亞內斯

　　透視向來是藝術家用來表現現實的工具。我們生活在一個立體世界裡，自從藝術表現誕生以來，人類一直嘗試著在平面國度裡塑造、重現立體世界。這一章會討論透視和景深——兩個關係緊密，但是各自獨立的主題。

　　透視就是眼睛裡看到的畫面，它的兩個主要特性就是物體離觀者越遠，看起來就越小；順著觀者視線的物體尺寸，看起來會比與觀者視線交叉的物體尺寸短（就是透視收縮）。

　　景深是比較廣的概念，傳達出畫面的三維立體感。藝術家有許多能在畫裡呈現景深的工具，比如光線、顏色、細節程度。透視與景深結合在一起之後，就能創造出令人沉浸其中，可信度高，又充滿能量的畫面，觀者將有如置身在你創造的世界裡。

藝術史：歷史上的透視

　　雖然人類很早就透過原始的岩洞壁畫來呈現真實世界了，例如本書前面提到的拉斯科壁畫（**第54頁**），在十四世紀之前，立體感卻仍然不存在於西方世界裡。文藝復興時代的藝術家們確立了藝術裡的透視概念，是我們直到如今都還承襲運用的；他們導入的建構畫面的法則，對現代藝術家們仍然有其價值。

透視的興起

　　直到文藝復興時代，藝術家們才真正開始實驗透視和景深，利用它們創造更明顯的立體畫面；在那之前，歐洲藝術家們並不期許在作品中呈現寫實的空間感。文藝復興時代初始，義大利畫家建築家喬托・迪・邦多納Giotto di Bondone等藝術家們開始在作品中發展透視，將透視收縮和景深引入畫作裡的建築和人物上（**圖01**和**圖02**）。有了這些藝術家開路，才有之後被我們謂為文藝復興時代的細膩描繪手法（**圖03**），隨後的年代裡，透視在流行藝術裡變得越來越精確突出。

　　如今，我們已經進一步發展出透視和景深的概念，也越來越能體會到它們在畫面裡的衝擊效果。我們將這些知識運用在各種純藝術和更廣的設計領域裡。若是在畫面中有任何透視和景深的描繪誤差，我們都能一眼看出來，進而在我們的作品裡將其改正，畫出最有可信度的空間。

▲ 圖01 喬托・迪・邦多納的《聖約翰伊凡吉利斯特升天》（約繪於1320年）

▲ 圖02 喬托・迪・邦多納的《Nativity from the Lower Church in Assisi》（約繪於1310年）

▲ 圖03 李奧納多・達・文西為《Adration of the Magic》所繪製的透視習作（約繪於1481年）

透視

在探討建構透視的原理之前,我們首先必須討論空間的性質和它在三維象限上的樣貌。在紙上或畫布上捕捉這種三度空間的幻覺,就是賦予二維平面藝術作品寫實的透視感。在這個段落裡,我們會比較軸測透視以及錐形透視,討論這兩種透視群組之內的不同透視類型,並且看這些透視能如何被應用在形狀和構圖上。

三度空間

透視假設空間是沿著三條正交(垂直)軸線建立的,提供了空間參考系統。這些軸線(X,Y,Z)的基礎是三維:

- **長**(X)
- **寬**(Y)
- **高**(Z)

在建構透視的時候,所有的東西都必須根據這三條軸線。如圓形或正方形這類簡單的形狀比複雜或有曲線的幾何形狀容易畫,因為它們的三維向度很符合三條軸線。

有許多不同的規則和技巧能用來創造透視。比如**圖04**和**圖05**,是同樣形狀以不同透視類型呈現的結果。它們全都沿著相關軸線投射出立方體的長、寬、高,可是方式卻不同。讓我們開始定義這幾個主要透視類型,並學會辨別。

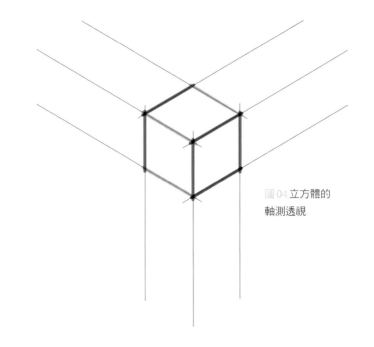

圖04 立方體的軸測透視

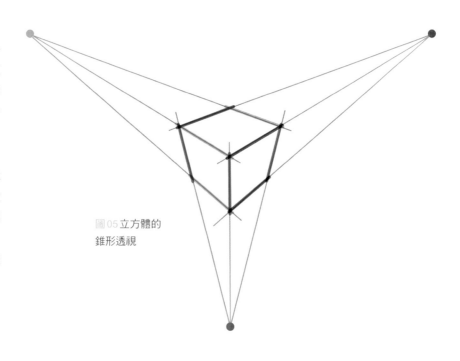

圖05 立方體的錐形透視

04,05,06圖由羅貝托‧F.‧卡斯楚繪製

軸測透視

　　軸測透視又叫做「平行透視」，建構方法很簡單。這種透視不是基於重現現實畫面的條件，所以並不適合用來創造具有自然立體感的空間。它表現出的物體並不一定是我們人眼觀察到的狀況，而只是給我們一個體積概念。

　　不像我們在**第140頁**會討論的錐形透視，軸測透視是藉著將物體沿著平面上（**圖06**）的平行線投射而成的。用這個方法畫出來的物體不會自然而然地遠離觀者，因為畫面中並沒有相關的「觀者」。這種透視很常見於工程製圖，為了表現個別部分和體積。平行的透視線條很適合用來快速手繪，可以迅速呈現物體的型態。

圖06 立方體標註了字母A到E的角以平行方向投射到平面上

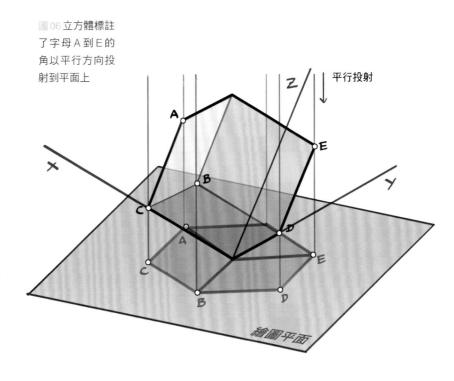

藝術史上的測透視

　　正當歐洲的文藝復興時代藝術家們強調自然透視的重要性時，比如我們馬上會看到的錐形透視，但在世界其他地方卻不盡如此。譬如在中國藝術裡常見的軸測透視，是讓畫家們表現眾多物體在畫面地位平等的方式。

▲ 這張來自中國小說《三國演義》裡的插圖使用了軸測透視（約製於西元15世紀）

軸測透視的類型

軸測透視的分類是根據形成三條X、Y、Z軸的角度，這三個空間象限定義了物體的尺寸，三條軸（長、寬、高）都是平行的直線，如同你在**圖06**看見的。在這個象限型態裡，存在著三種主要軸測透視類型（**圖07**）：

· **等角透視**：軸與軸之間的角度相等
· **二等角透視**：兩個交角相等

· **不等角透視**：三個角全都不相等，除了這三個主要類型之外，還有幾個角度極端的變化型（**圖08**）：
· **斜角透視**：X軸（長）和Z軸（高）形成90度交角
· **軍事透視**：X軸（長）和Y軸（寬）形成90度交角

這些透視通常用於工程或建築製圖，因為它們很容易投射。如果我們觀察這幅羅馬聖伯多祿堂的透視圖，就能看見它是依照軍事透視（**圖09**）畫出來的。

決定了三個象限的角度之後，你就有了建構物體的所有要件。如同之前提過的，軸測投影不會給物體寫實感。在許多實例中，物體反而因為平行投射產生的視覺效果而呈現不正確的比例，當使用比較極端的透視，例如斜角透視和軍事透視時更是明顯。為了降低這種變形結果，你可以縮減某些象限的角度，使物體顯得比較符合比例。

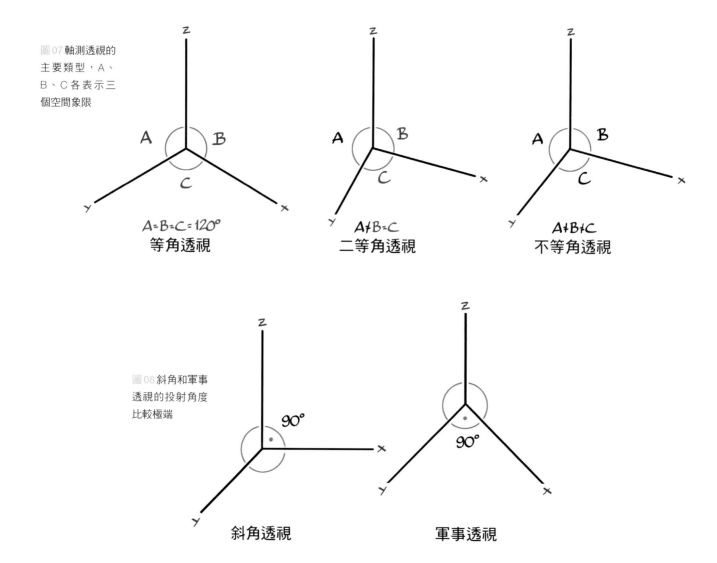

圖07 軸測透視的主要類型，A、B、C各表示三個空間象限

A＝B＝C＝120°
等角透視

A≠B＝C
二等角透視

A≠B≠C
不等角透視

圖08 斜角和軍事透視的投射角度比較極端

90°
斜角透視

90°
軍事透視

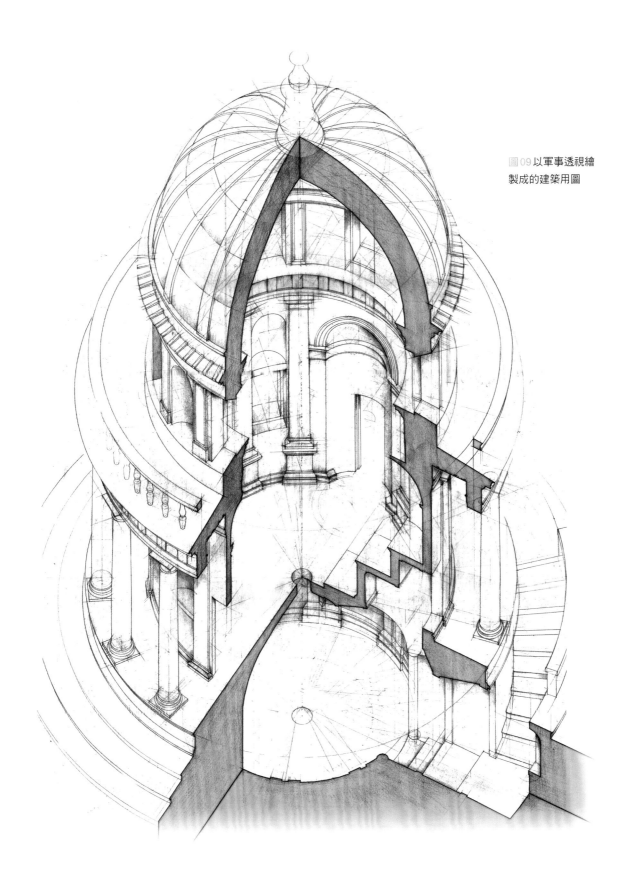

圖09 以軍事透視繪
製成的建築用圖

錐形透視

　　錐形（或線性）透視專門用來在二維畫面裡表現三維世界。和軸測透視相反，這種透視是建立在具有收縮點的錐形上，所有的物體的相關形狀和位置都必須跟隨錐形，而且離觀者越遠，物體尺寸就越小（**圖10**）。

　　這代表同樣的物體，其形態數量是無限的，因為我們在空間中觀察該物體的位置有無限多。所以根據我們放置消失點的位置，物體的比例可以有非常大的變化（**圖11**）。

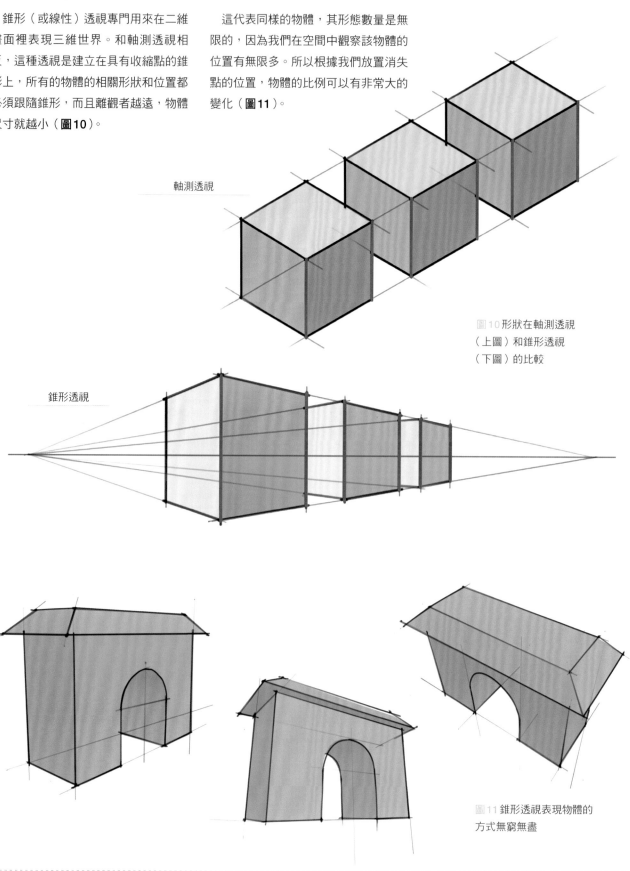

軸測透視

錐形透視

圖10 形狀在軸測透視（上圖）和錐形透視（下圖）的比較

圖11 錐形透視表現物體的方式無窮無盡

羅貝托・F・卡斯楚繪製

視錐

「視錐」決定環境中的光線從物體上反射進入我們眼睛的範圍。雖然人眼有90度的視錐，我們真正的視覺範圍卻限制在60度左右。任何位於範圍外的物體都會變得模糊難辨。雖然視錐可以用來創造誇張的效果，我們建議你最好不要將物體放在60度的視錐範圍之外，因為那些物體會變形，產生扭曲的透視效果。在計畫一幅畫面的時候要記住這些限制。有必要的時候得重新規劃構圖範圍，避免扭曲的邊緣。

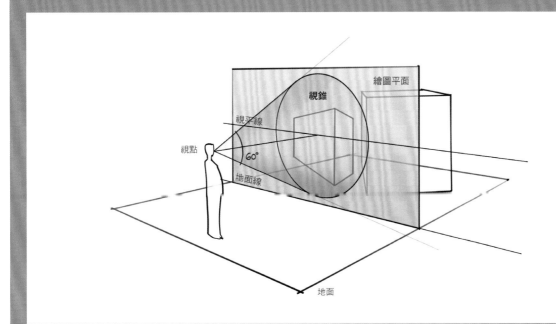

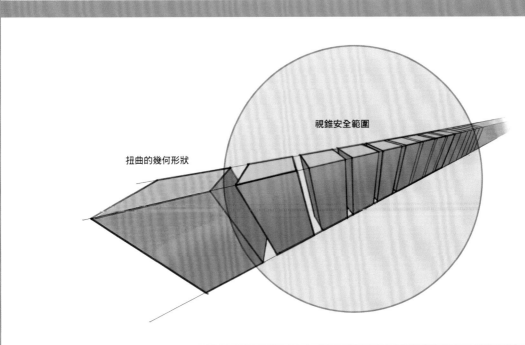

▲ 一旦延伸到人眼能舒服觀看的區域之外，物體看起來就會變形

錐形透視的元素

為了解釋錐形透視的作用方法，請你想像觀者和一個立體物件之間豎立著一片平面（**圖12**）。將觀者視線朝頂點A、B、C、D、E水平方向引導的視線會和平面相交，創造出平面形狀、這就是在平面畫布上表現立體形狀的基礎邏輯。我們現在會討論創造錐形透視的重要元素。

我們首先要定義建構錐形透視的重要元素，如你在**圖13**裡看見的標註。

- **視點**：在英文裡，視點通常被簡寫為「POV」，就是我們觀者站立的位置──觀察畫面的位置。想創造有趣的透視時重要的一點是選擇好的視點。

- **繪圖平面**：繪圖平面是我們繪製透視的平面。它是與觀者視線垂直的透明平面──也就是圖像建構於其上的平面。觀者的視線始於視點，終於可見物體的頂點和邊緣，使繪圖平面上的平面圖像呈現寫實的立體感。

圖12裡，你可以看見這個「相框」概念；沿著觀者投向頂點A、B、C、D、E的視點延伸線，直到繪畫平面後方的立方體。這些現和繪圖平面交叉的地方由藍色形狀表示。

地面和地面線：地面是產生垂直量測的水平參考平面。地面線是繪圖平面和地平面兩者之間的線性交接。

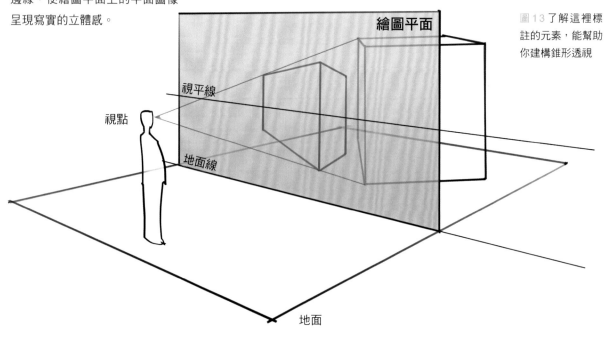

圖12 把畫布想成介於觀者和畫面中物體的「繪圖平面」

圖13 了解這裡標註的元素，能幫助你建構錐形透視

羅貝托·F·卡斯楚繪製

視平線

這是位在繪圖平面上的水平線，與視點齊高。在真實世界裡，它就等同於你望著海洋時，分隔海水和天空的那條線。視平線是畫面向後遠離的最終目的地（換句話說就是「消失點」的位置）。

在**圖14**裡，你可以看見立方塊被放置在畫面裡的不同高度。當方塊低於視點，也就是水平線表示的眼睛高度時，觀者可以看見大部分的方塊頂部。隨著方塊向高處移動，這塊頂部變得越來越不可見，等到方塊抵達觀者的眼睛高度時便「消失」了。當方塊超出視平線時，觀者會開始看見它的底部，而再也無法看見頂部。

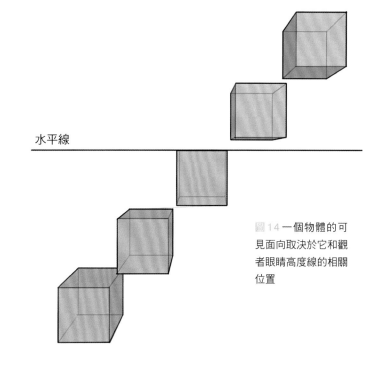

水平線

圖14 一個物體的可見面向取決於它和觀者眼睛高度線的相關位置

消失點

▲ 圖15 鐵軌的平行線條逐漸向觀者前方遠去，直到它們在視平線上會合

消失點

▲ 圖16 不是所有畫面裡的平行線都會朝視平線會合

消失點

消失點指的是畫面中的一個點，所有的透視線條都向它會合。一個非常簡單的例子就是**圖15**的火車鐵軌。鐵軌最後會會合於視平線上的一個。兩條鐵軌在空間中是平行的，但是在透視裡卻朝視平線漸漸併縮。在創造錐形透視的時候，畫面中的平行線通常會朝一個或兩個消失點會合。

然而，並非所有畫面中的平行線都會會合在同一個點上。與繪畫平面邊線平行的線就沒有共同的消失點：它們會和畫紙或畫布邊緣保持平行。在**圖16**你可以看見枕木和電線桿就是這種情況；它們彼此平行，但是也和繪畫平面平行，所以个會像**圖15**裡長長的鐵軌那樣會合到一個點上。

具有消失點的透視

理論上來說，消失點的數量是無窮無盡的，空間裡的每一組平行線都有一個消失點。然而，藝術裡主要有三種透視類型，我們會在這裡討論。根據物體和觀者的相關位置，消失點會出現在一條、兩條、或三條空間軸線上（也就是 X、Y、Z 軸）。消失點的數量隨著物體與觀者的相關位置而有變化，可在**圖17**裡看到。

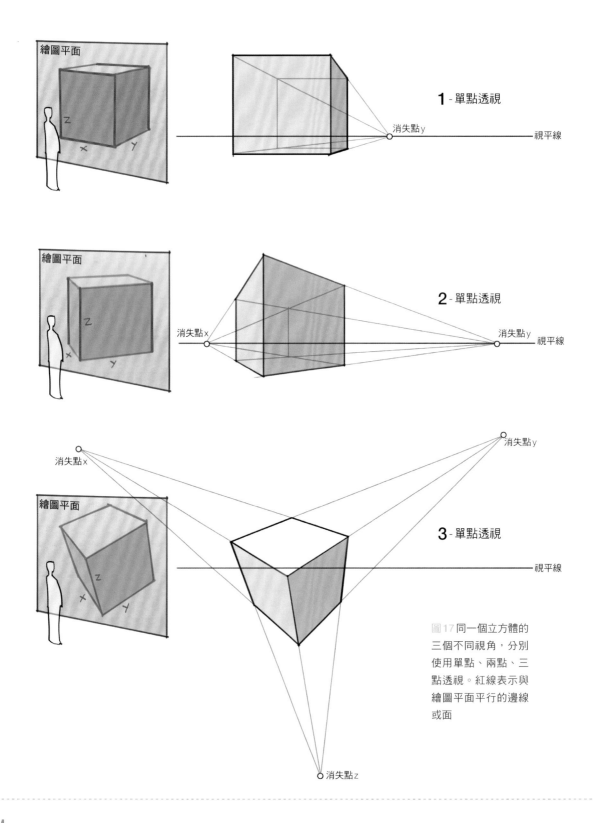

圖17同一個立方體的三個不同視角，分別使用單點、兩點、三點透視。紅線表示與繪圖平面平行的邊線或面

羅貝托·F·卡斯楚繪製

當立方體和繪圖平面平行的時候，它的一個面會直接面向觀者，其餘部分則向後方的同一個消失點併縮。如果立方體沿著垂直軸轉動，只有一條邊線朝向觀者，邊線兩側的面則會朝兩個消失點併縮，產生比較有能量和真實性的視覺效果。當立方體朝觀者方向以頂點傾斜時，三條軸線裡便沒有任何一條和繪圖平面平行了，它的各個面和高度都會向三個消失點併縮。這個角度很適合用在比較極端的透視裡，比如鳥類或蟲子的角度。

單點透視

這個簡單的透視常常被用在觀者望進走廊、隧道、或是向前往視平線上的單點收縮的街道。在**圖18**的走道牆壁、地板、天花板全都朝遠方的單一消失點併縮。

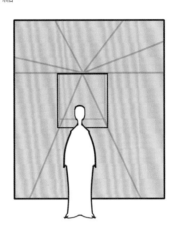

單個消失點

▲ 圖18 單點透視常常用在靜止的狹長畫面裡

▲ 圖19 加入第二個消失點,製造和緩、自然寫實的效果

兩點透視

在 **圖19** 裡,視平線的兩端各有一個消失點。它們之間的距離遠到它們已經位於畫布之外了,製造出和緩向外併縮的透視效果;如果消失點之間的距離短一點,畫面的視覺變形程度就會更強。

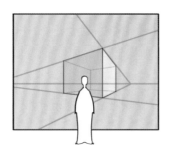

三點透視

畫面的透視裡又在垂直方向上加入第三個消失點,製造出深度或高度的效果。在 **圖20** 裡,第三個消失點位在畫布底部之外,賦予建築和風景極富戲劇性的鳥瞰效果(**圖21**)。

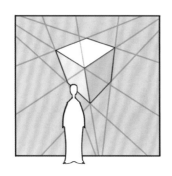

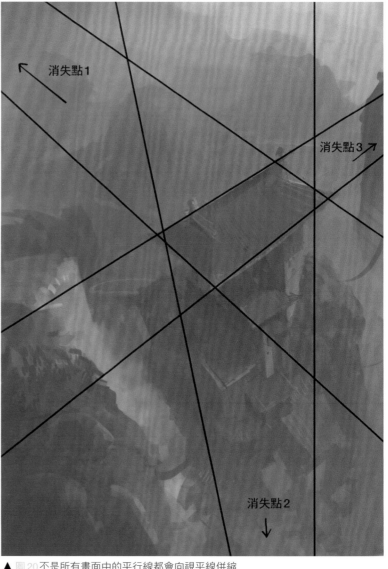

▲ 圖20 不是所有畫面中的平行線都會向視平線併縮

圖 21 三點透視能夠替畫面添加高聳的
高度，或令人為之暈眩的深度

建構透視

對於畫面最好的視點，擁有最終決定權的人還是畫家本人。透視的選擇給觀者的印象是既具決定性又有影響力的。根據透視的選擇，版面會決定畫面的形狀和尺寸、細節的銳利程度以及畫面的實際構圖。現在讓我們來拆解你在計畫畫面時需要考慮的關鍵要點。

視點位置

在替畫面決定視點位置的時候，首先必須考慮的就是之前提過的視錐（參見**第141頁**）。你必須確保觀者與畫中物體之間有一段適當的距離，使他們的視角範圍在60度以內。

再來要考慮的是你想呈現的物體外型。如果你選擇了正確的視角，同樣的立體環境看起來將會更有趣。

高度位置

介於觀者和地平面之間的距離會反映在高度上，也就是視平線與地面線之間的距離。根據你選擇的高度，描繪出的畫面會有顯著不同。

在**圖22**裡，我們可以看見同一個立方體在不同高度的樣子，左邊的人形代表觀者的視線高度。觀者的位置越低，視平線就越接近地面線。如果兩者合而為一，代表我們的眼睛位於地面高度；若是視平線低於地面線，就代表我們的眼睛低於立方塊底部，所以我們能看到它的底面。

消失點位置

之前已經提過了，消失點的位置取決於你描繪的物體與觀者的相關方位，還有視平線的位置（在觀者前方、上方、或下方）。和地面線平行的線條終究會向視平線併縮。

在視平線上放置一個或兩個消失點很容易，但是放第三個點就有點挑戰性了，因為它勢必得位於視平線的上方或下方。在這個時候，你可以先在視平線上放好兩個消失點，然後在與觀者垂直的線上放第三個點。

透視導引線

如何畫出透視導引線？首先輕輕畫出視平線，在上面放置一個或兩個消失點。再以消失點為端點畫出斜線，它們會是畫面中物體的頂部和底部邊線。兩個消失點相距越近，物體就會越小，越壓縮；它們彼此距離越遠，透視效果就會越和緩。

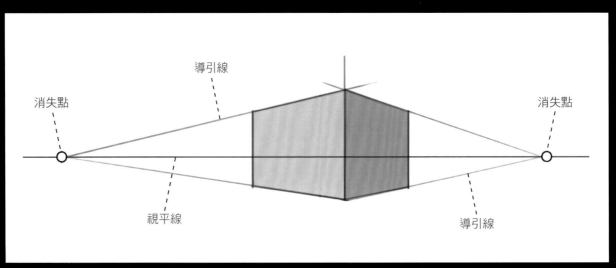

▲ 建構你自己的透視導引線時所需的關鍵元素

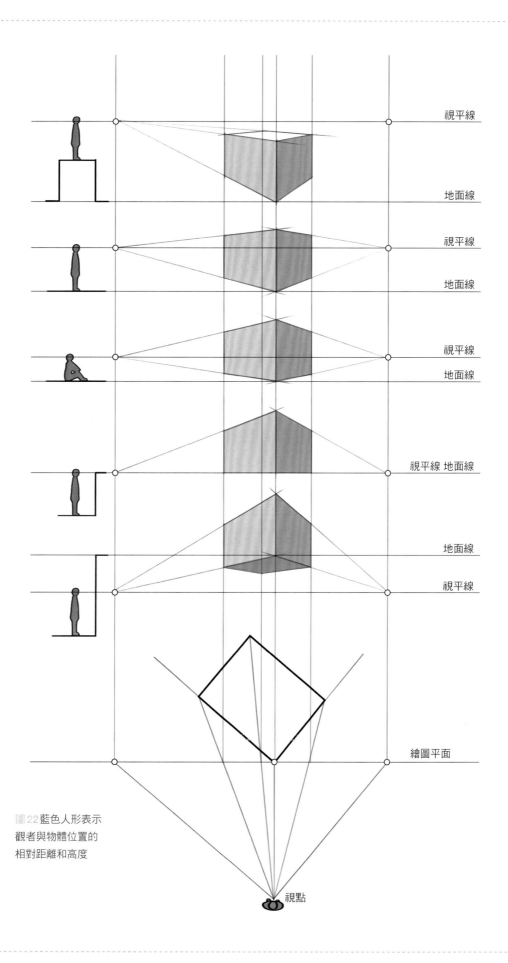

視平線

地面線

視平線

地面線

視平線

地面線

視平線 地面線

地面線

視平線

繪圖平面

視點

圖22 藍色人形表示
觀者與物體位置的
相對距離和高度

▲ 圖23 從觀者的視點來看，透視收縮會讓物體顯得扁平或壓縮

透視收縮

透視收縮是最常用在描繪人體上的技巧，可是當然也能用在其他主題上。它和比例及透視的關係非常密切，也能用來描繪空間裡朝觀者正面而來的物體。要創造這種視覺效果，就必須將物體的長度「收縮」，而不是從側面或上方看見的長度。

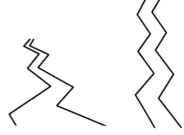

▲ 圖24 小溪經過透視收縮之後的形狀與沒有透視收縮的俯瞰形狀

比如說，如果該物體是人形直指觀者的手臂，那條手臂從肩膀到手指的長度與放在人形身側的手臂相較，在畫布的空間裡就會短得多。除此之外，那條手臂的手掌還會比位置較遠的另一隻手掌還大，讓人覺得它離觀者比較近。你可以在〈**解剖原理**〉章節（**第174頁**）裡看見人形上富有能量的透視收縮效果。

在風景畫裡，這個技巧能夠用在木頭、河流、道路上。如果一條河流或小溪的長度以比較短、向遠方聚攏的短線條描繪，它看起來就會是「平躺」在地面上的。比如**圖23**和**圖25**，小溪的線條經過透視收縮，最終會合於一點。這種透視收縮能引領觀者的眼睛進入構圖深處。

一個有用的描繪透視收縮的訣竅就是將物體簡單視為形狀，而不是特定的物件（**圖24**）。你要相信手臂或河流雖然被畫得很短，在觀者眼中卻仍然很長。

▲ 圖25 若是從上方看，這條經過透視收縮的小溪會更長

《船長的房間》
安迪・瓦許

工具：Oculus Medium，
3D-Coat，Adobe Photoshop

「我很愛畫海盜，而且看到某人用虛擬實境雕塑軟體Oculus Medium創作了一幅沈船之後，我想自己應該也來創作一艘老船。我的創作會是在室內，靈感來自電影《神鬼奇航2：聚魂棺》裡半人半海怪的角色。

抱持這個想法，我想要這艘船看起來很潮濕，覆滿藤壺和骷髏頭，還有腐爛的木頭。還要環境感覺黏滑破舊，彷彿原本船應該沉進海底的，卻受某種致命的超自然力左右。燭光會增添氣氛，和寒冷的環境形成對比。

我一剛開始的速寫構圖很原始；原本想要這幅畫面完全以數位工具繪製，可是後來我知道自己還想轉動視角，並且用3D軟體打光。使用這個虛擬實境雕塑軟體，原本不知道自己究竟想要什麼樣的視角，直到我加上材質和打光。我試著不過早決定最好的透視型態，不拘泥在一個特定角度。最後我選擇了這個比較低的視角，因為顯得既有力又充滿能量，替畫面添加毛骨悚然的神祕感，並且將觀者的眼睛直接帶進房間裡。我考慮過的其他角度都很相似，從房間的長邊看向視覺焦點人物。」

《準備》

康斯坦丁諾斯・斯肯泰瑞迪斯

工具：Adobe Photoshop

「我想在這幅畫裡表現即將踏上危險旅程之前的準備工作。出現在腦海裡的景象是主角置身小旅館裡，正在計畫他的行程，身邊包圍著地圖、筆記、書本，加強研究和作筆記的感覺。

和我所有個人作品的準備工作一樣，我通常在腦海裡會有一個技術目標——在探索概念或熟悉物體的時候同時練習特定的技巧。我想在腦海裡盡可能駕輕就熟地事先創造畫面，所以假如過程不順利，通常是因為我的了解還不夠。釐清不足的地方，能夠讓我知道應該加強訓練哪個部分。我所謂的『駕輕就熟』，是指不用太擔心我的技術無法畫出想要的畫面。如果我想像的人物擺出某個姿勢，卻因為我對人體解剖結構不夠了解而畫不出來，那就代表我必須努力學習解剖，或者至少在繪製過程中使用某些工具幫助我達到目標。

除非我的腦海裡已經有很清楚的畫面了，否則我一定會先經過一段概念探索階段。我曾經考慮過這幅畫的其他『攝影機』角度，但是從一剛開始，我就非常確定會使用低角度透視。這個角度能夠為畫面添加更戲劇化的感覺，呈現主角正專心在他的研究當中。我的做法是想像自己是攝影師，問自己：『我會替這樣的畫面或故事拍什麼樣的照片？畫面裡有什麼——地圖、書、一扇窗戶？』然後在構圖和選擇視角的時候，讓那個想法引導我。如果畫面換了不同透視角度，感覺就會和我以攝影師角度在現場拍攝的結果完全不一樣。」

景深

如同我們在本章一開始時提到的，活用透視並不是唯一替畫作增加景深的工具。要創造景深，我們還需要熟悉許多其他面向。

在很多畫面裡，我們並不需要先澈底了解如何建構透視才能表現出景深。認識透視背後的理論固然很重要，你還需要知道其他視覺元素，比如光線和顏色，才能描繪景深。

你在本書其他章節裡已經學過現在要談的某些面向了，但是我們會再看看主要的元素，以及他們與創造景深這個主題的特別關聯。

光線和陰影

所有你學到的關於透視的道理，都是在教我們如何呈現物體，並且將它正確地放置在畫面中，這些都是透視概念的延伸。要創造出感覺真實的深度，你必須使用其他視覺工具——特別是明暗度。如你在**第8頁**的〈**光與形狀**〉中看到的，用明亮和陰暗的色調照亮你的物體，是在表現物體形狀時不可或缺的。

在**圖26**到**圖29**，你可以看到為線圖加上光線和陰影，能夠加強觀者對畫面深度的了解。

· 只有輪廓線：物體以線條表示，沒有明暗面。

· 加入基本光線：加上兩個或三個明暗色調，使物體比較易懂。

· 加入投射陰影：加上物體投下的陰影能給它們更進一步的景深和關聯性。

· 最後渲染：線條比較不明顯了，可是光線形狀清晰可辨。

雖然所有的畫面或多或少都有某種透視，光線卻能明顯定義觀者認知到的形狀。了解光線落在物體上的方式是基礎知識。明暗度能創造景深，是平面圓形和立體圓球之間最大的不同。

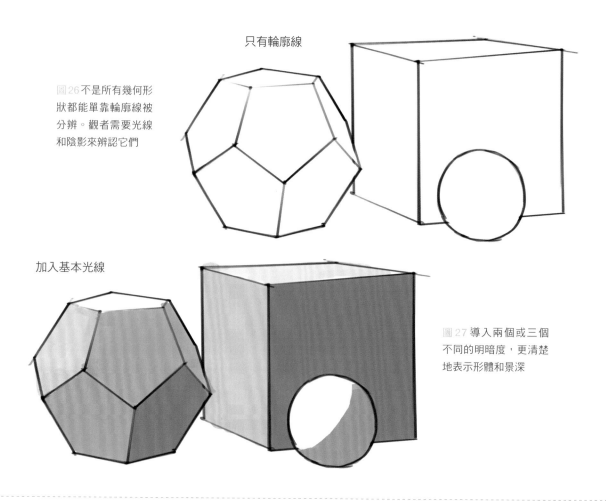

只有輪廓線

圖26 不是所有幾何形狀都能單靠輪廓線被分辨。觀者需要光線和陰影來辨認它們

加入基本光線

圖27 導入兩個或三個不同的明暗度，更清楚地表示形體和景深

加入投射陰影

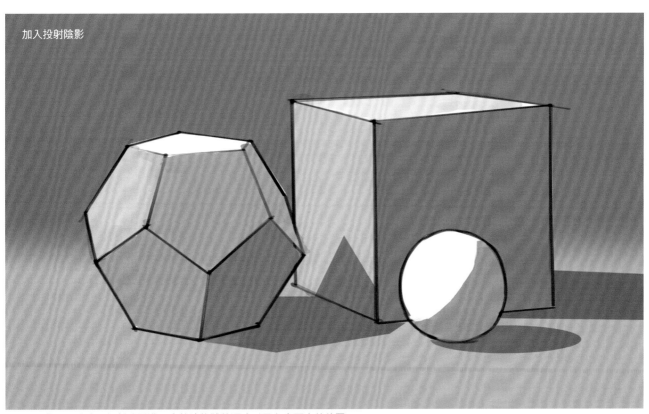

▲ 圖28 背景明暗度和投射陰影進一步釐清物體的深度以及在畫面中的位置

最後渲染

▲ 圖29 光線和陰影能夠清楚表示景深和形體,不需要倚賴線條

▲ 圖30 環境透視能在物體向遠方後退的同時顯得明亮柔和

環境透視

　　如同線性透視，環境透視是藝術家用來在畫作中創造景深的方法。線性透視使用在視平線會合的線條（實際和眼睛看見的），環境透視則仰賴調整顏色和清晰度來製造深度。

　　環境透視又稱「空氣透視」（或是3D繪圖裡的「遠方霧氣」），在現實世界裡有穩固的理論基礎。空氣裡有水分和其他粒子，會打散光波，影響我們透過層層大氣看見的顏色。通常物體在向遠方退去的時候，顏色會變得**比較冷，比較**

不飽和。它的明暗度也會變得比較亮，物體在環境裡與我們的距離越遠，**光線和陰影之間的對比也會變弱**。遠方的物體通常接受到天空的顏色，在晴天時往往是藍色，但是傍晚時的天空顏色會變得溫暖，使遠方物體浸浴其中。

　　物體向後退到遠方時，環境條件也會影響**物體的清晰度**。遠方物體的邊緣線會顯得模糊，一個物體會不容易與另一個物體分辨。用柔和的邊緣線和模糊的細節描繪遠風的物體，能夠增添畫面的景深效果。

　　圖30有幾個重要的環境透視效果。

首先是前景與背景相較之下的顏色飽和度，前景物體的對比也較遠處物體更強。畫面也描繪了溫暖的傍晚天色，灑在位於最遠處的山丘上，遠處比較冷的藍色陰影形狀一路延伸到最後一座山峰。最後，前景物體的輪廓線比較硬，後方景物的輪廓線較柔和。

　　同樣的，**圖31**，溫暖、飽和、線條銳利的前景逐漸向遠方成為比較蒼白、寒冷、邊緣柔和的背景，創造出環境深度。

▲ 圖 31 使用環境透視，以自然的手法創造畫中主題之間的深度和距離感

▲ 圖32 考慮如何將你的畫面分割成前景、中景、背景，使它具有可信的景深

前景，中景，背景

　　替畫面加入一系列明暗度是將深度導入構圖最簡單的方法。在畫面中添加不同元素，並且有策略地安排在不同平面上，就能將一個平板的一維環境轉化為三維環境。

　　圖32 有明顯的前景（接近觀者的河岸和人形），中景（比較遠的岩石和河水），背景（遠方山脈）。這三個平面透過顏色、光線、陰影的使用清楚地分開來。

　　前景明亮、充滿細節，而且顏色豐富；中景的細節比較少；背景的細節更少，慢慢融入環境透視的藍色霧氣中（參見第158頁）。

數位圖層

　　如果你是數位藝術家，類似Adobe Photoshop和Procreate的繪圖軟體都能讓你使用，可以編輯的不同圖層組織畫面。這在控制組成構圖的不同元素時非常有用，你可以在一幅畫面的眾多繪圖平面間來回轉換。

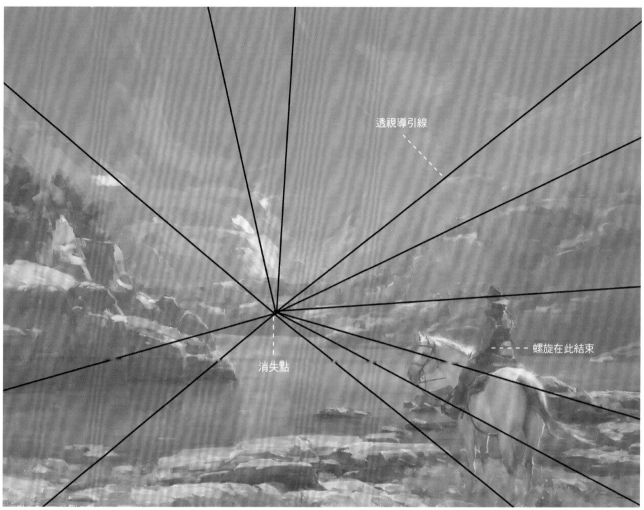

透視導引線

消失點

螺旋在此結束

▲ 圖33 將構圖元素和環境元素結合透視線條創造景深

構圖

　　構圖不光是創造看起來美觀的設計；它也是替畫作創造深度效果的有用工具，特別是和其他造景手法結合之後。你放置畫中視覺焦點、形狀、其他設計元素的手法和位置，都能引導眼睛從前景移到背景的動線，如同我們在〈**構圖**〉（**第90頁**）談過的。

　　要達到這個目標，最好的方法就是使用元素，沿著現性透視裡的線條引導觀者的眼睛——在風景畫裡，這些元素可以是岩石、河流、或雲朵。關鍵在於不要過於明顯，否則會造成人為和不自然的感覺。反之，沿著透視線條，使用低調的暗示，將觀者帶進畫面，引導他們瀏覽。比如**圖33**，環境裡許多低調的透視線條都在遠方會合於一點。

顏色

你也許已經從環境透視的使用手法（**第158頁**）悟出來了：另一個創造景深的方法是利用顏色。如**第62頁**探討的，補色能幫你在畫中分別物體。

你可以在**圖34**的兩個版本裡比較一下，景深能夠透過顏色的使用表現出來。與彩色版本相較，單色調畫面看起來顯得平板，雖然兩者的明暗度組成是一樣的。

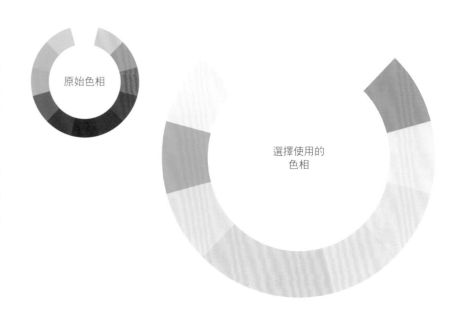

原始色相

選擇使用的色相

▲ 圖34 富有能量的色盤能增添單色版本缺乏的景深和搶眼效果

繪圖 ©羅貝托・F・卡斯楚

▲ 圖35 這幅露天寫生使用比例來增強景深效果

比例

　　如同〈**構圖**〉章節裡的**第120頁**講過的，比例是畫面中一個物體與其他物體的相關尺寸。由於透視和深度，物體離觀者越遠，相關尺寸就越小。我們可以應用這個相關比例的認知，替化作加強景深效果。

　　一個有效的手法是在畫面不同的平面裡使用類似的物體。比如說，如果前景有岩石，你就可以藉著在風景稍遠處安排同類型的岩石增加景深。這種重複性也能替畫作帶來韻律，並且在構圖上引導觀者。

　　比例也能用在無關的物體上，比如**圖35**。如果你的畫布一側有充滿細節的岩石峭壁，而另一側是一條小船，在觀者的認知裡，就會覺得船位於遠方。你可以在下一個章節學到更多以細節創作景深的手法。

　　其他常見的以比例製造景深的方法包括：在風景的前景裡安排一個小人形，或在遠方加入一隻小小的飛鳥，使環境顯得非常開闊。

材質和細節

　　不是只有顏色、溫度、明暗度會隨著不同的環境平面改變。物體的材質和細節數量也會根據距離變化。我們通常認為「細節」是線性細節（邊緣線和被畫出來的細節），但其實也包括形狀和顏色的變化。「材質」指的不光是個別的表面型態，還有表面的整體樣式，比如樹、灌木、岩石。

　　在畫中創造環境深度就是在營造從前景到背景，不同設計元素之間的關係。當我們從畫面的前景移向背景時，我們會以近距離看見更多細節和材質。例如前景的單一花朵，會轉變成背景的整片色彩。單一岩石會形成遠方的山，樹變成山坡。

　　為了畫出這些元素在環境裡的正確樣貌，你要盡可能在前景畫出小一點，細節比較精緻的形狀；在背景畫出概略、細節較少的形狀。並不是說你的作品整體來看應該是很細緻或是比較印象派的畫法，而是相對性——如果你在背景已經有很多細節，前景相對之下就應該有更多細節來創造景深。

　　請注意**圖36**和**圖37**裡前景與背景的相對細節數量。比較前景和中景的草地細節，以及前景一路到山脈上的岩石。另外也要注意的是顏色變化，還有指出現在前景的其他細節。

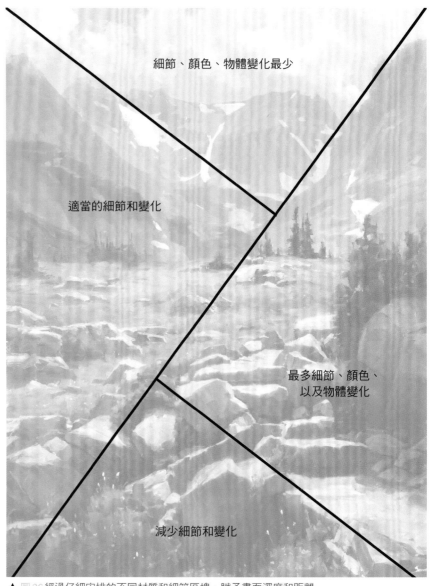

細節、顏色、物體變化最少

適當的細節和變化

最多細節、顏色、以及物體變化

減少細節和變化

▲ 圖36 經過仔細安排的不同材質和細節區塊，賦予畫面深度和距離

《走入大自然》© 戴夫·松提亞內斯

圖 37 風景裡的岩石和花朵與遠方山脈相對照，就創造出了景深

《龍龕》

康斯坦丁諾斯・斯肯泰瑞迪斯

工具：Adobe Photoshop

「這幅畫是我和幾位朋友平日練習的一部分。我們會選定一個稍微超出舒適圈之外的主題，在當天創作一幅作品。那天的主題是『雕像』。我知道自己想表現的是一座與周遭合為一體的古老雕像，而且不是普通的雕像——更像是供人崇拜的地方。所以畫面裡有蠟燭和火，表示這個地方有信徒們願意涉險前來參拜。

我想要觀者們感覺到他們經過一段冒險之旅後，終於抵達這座古老的龍龕。低視角能讓視點更人性化，彷彿是剛進入這個地方的某人眼睛的高度。我試著假設自己在為這幅畫面拍照，因為這樣能夠強迫我把作品的各個面向都處理得更好。要在二維畫布上呈現三維物體，我必須不斷更新我的繪畫技巧，以及對光線與主題互動關係的理解。

要傳達畫面的景深，必須清楚分開前景、中景、背景。所以我加了一點霧氣，分開岩石地面和比較接近觀者的冒險家。我還在背後和龍龕周圍加了一點像洞穴的細節，創造另一個表現深度的空間。符合透視原則的環境效果、霧氣、形狀、材質，都能輕易地替畫面增加很多景深。每一次你使用向後退縮的尺寸表現重複出現的形狀時——比如這張畫背景裡崎嶇的峭壁——就是在創造深度感，這也是為什麼練習透視技巧是很重要的。

要傳達比例感，我加了一點觀者能夠認出來的記號和物體，作為尺寸的比較。在畫面裡放一個人形是很容易的手法，因為觀者能夠根據人形尺寸比較出其他物體。如果你不能在畫面裡放入人形，那麼就記得放進其他觀者熟悉的元素，作為尺寸指標。這個畫面裡我另外加入的重要比例元素是蠟燭、前景的岩石、還有飛鳥。」

繪圖 ©斯坦丁諾斯‧斯肯泰瑞迪斯

《瑟巴斯提昂》

馬克辛・寇澤尼可夫

工具：Adobe Photoshop

「這幅作品是一系列作品之一，為了探索一些嬌小可愛的生物簡單的情緒表現。我實驗混合各種青蛙、蜥蜴、貓，在這幅畫裡則使用了類似熊貓的毛皮。我想要這頭生物看起來既俏皮又飢餓，有逼真的毛皮。這幅畫最重要的部分就是我和主角瑟巴斯提昂還有牠想要的東西：一隻白色蝴蝶，之間的互動。

我試著動用所有的工具，比如材料、光線、氛圍，好正確傳達畫面的情緒。比如說，背景霧氣瀰漫的森林幫助強調出這個私密的時刻，確保前景的主角是視覺焦點。毛皮和蝴蝶銳利的白色形狀讓牠們成為畫面裡的主角。畫毛皮特別有挑戰性，因為它和觀者的距離太近了，我從一開始就知道畫面可不可信，就要看我能不能逼真地畫出毛皮。相較之下，背景的細節比較少，對比也低，以便製造距離感。」

繪圖 ⓒ 馬克辛·寇澤尼可夫

《天堂灘》

羅倫佐 · 藍富蘭寇尼

工具：Adobe Photoshop

「這幅畫是為了我的環境藝術著作《演化》額外創作的。我的目的是呈現一群狒狒在自然環境裡的日常生活。結果很顯然不是真實的自然環境，可是這本書的主題設定在未來，一切都改變了──這個設定讓我能照自己的想法畫，沒有太多限制。

至於技術目標方面，我純粹只是想將自己的技巧往上提升一個階層；我沒有特定的目標，只是『試著畫出不一樣而且更好的作品』。當我畫個人作品時，總是會思索我在那之前已經完成的作品，又能如何改進某個地方。我的腦中唯一確定的就是我想畫出透明的水，這一點也促使我思考可以使用哪種自然元素，用最有效的方式建構畫面。

我決定使用很廣的透視來強調整個環境，而不是著重在表現狒狒。畫面的主角是景色，《天堂灘》，動物只是替它增添生氣的元素。為了給環境深度，我使用不同的有機元素：在前景利用池塘引導眼睛進入畫面，看向中景的峭壁。然後使用比較亮的明暗度和顏色表現出中景和背景之間的距離，並且用綠色光做為關鍵色，創造環境透視。」

應用基礎的實例……

《森林裡的住民》

喬書亞‧凱洛斯

工具：Adobe Photoshop

「這張圖描繪的是賽蘭努斯人，一種住在森林裡具有魔法的生物。他們能和植物溝通，治療植物或是將知識傳授給植物。這些生物很稀有，也很纖柔，平常住在樹頂，唯有在需要看顧森林和維持森林的平衡時才會到地面。

從一開始，我就想在畫面裡納入魔法的感覺。我想用互補的顏色——綠色的森林，粉紅色用來創造魔幻感。我選用這個透視角度，因為我需要表現出具有震撼力的畫面：低視角能增強主角的力量，強調正在發生的動作。這個角度也能讓我畫出大部分的樹木，而且添加一些元素幫忙說明這種生物，比如他們用來爬上樹頂的螺旋平台。環境光源的顏色，比如背景的藍色，幫助強調出森林的深度，創造出我想要的魔幻、神祕的情緒。」

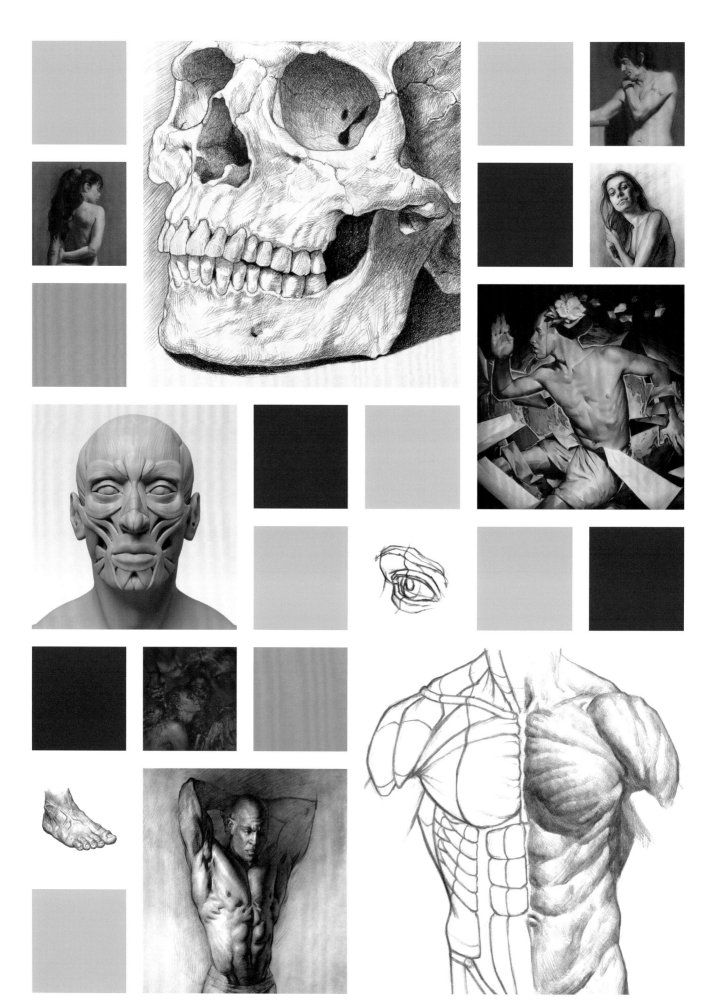

解剖原理

麥特・史密斯，馬里歐・安格，
希爾薇亞・邦巴，瑞塔・佛斯特

　　人體是由肌肉、骨骼、皮膚組成的複雜機器。要抓住人體的解剖細節本身就是挑戰，更何況你還必須進一步用姿勢和表情加上個性。本章會指引你人體的關鍵部位，包括對想畫人體的藝術家來說很有幫助的肌肉和骨骼，並且示範如何傳達情緒和創造有能量的姿勢。

頭部

要畫人的頭，有很多種著手的方法。你可以先畫一個圓，然後加上下巴；或甚至直接畫頭部的基本形狀。另一個方法是畫出符合你眼前模特兒頭部的基本形狀，畫好之後，再將臉孔的位置標記出來。我們會在這裡探討這個方法，之後再進一步討論特定的面部表情。

分割頭部

人的臉孔可以被分成三個區間：下巴到鼻子底部；鼻子底部到眉毛；眉毛到髮際線（**圖01**）。這些區間並不總是平均分隔的，因為每個人的臉孔比例各有不同；比如有些人的鼻子比較長，臉孔中段區間就也會比較長。這些比例全部取決於你的模特兒臉型，或是你想表現的人物特質。總的來說，在畫任何人類頭部時，我們都可以使用同樣的基本準則（**圖02**）：

· **眼睛線**大致位在臉孔中央
· **鼻子底部**位在眼睛和下巴中間，寬度等同於雙眼之間的距離
· **嘴巴**落在鼻孔和下巴中間

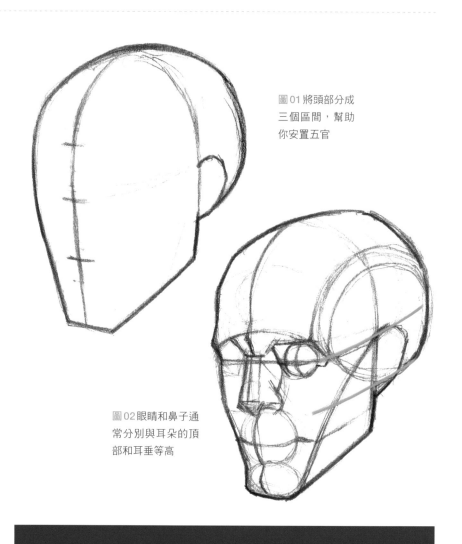

圖01 將頭部分成三個區間，幫助你安置五官

圖02 眼睛和鼻子通常分別與耳朵的頂部和耳垂等高

這些比例全部取決於你的模特兒臉型，或是你想表現的人物特質

簡化的透視

透視對畫畫永遠都很重要，特別是頭部，比如我們畫頭部側邊的耳朵時。如果你無法正確對準耳朵位置，就試著將頭部視為一個周圍有兩條等分線的圓柱體或立方塊。

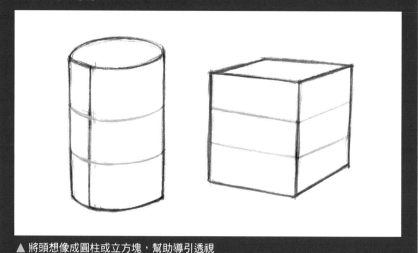

▲ 將頭想像成圓柱或立方塊，幫助導引透視

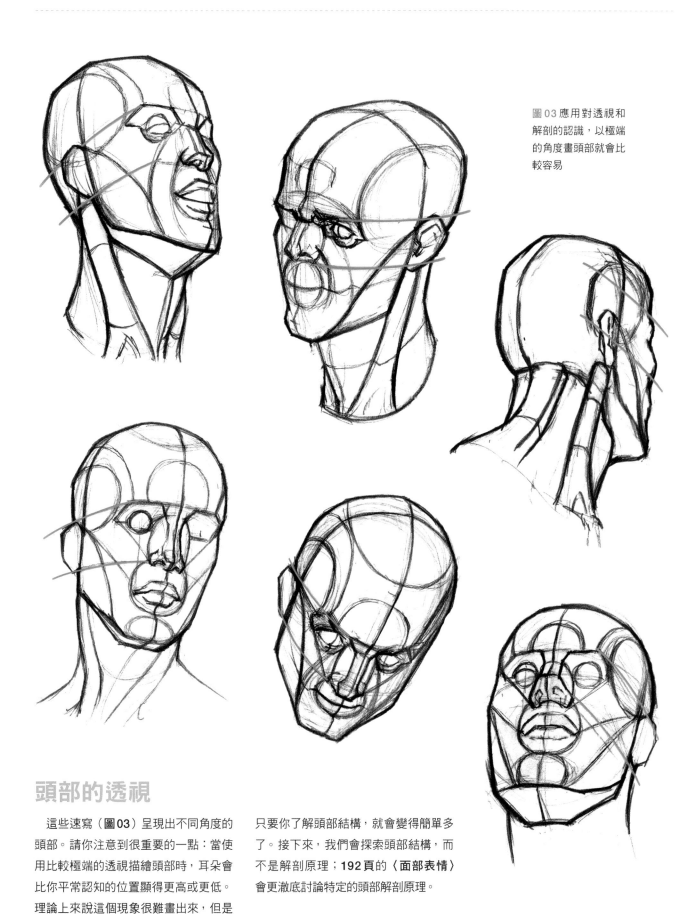

圖 03 應用對透視和
解剖的認識,以極端
的角度畫頭部就會比
較容易

頭部的透視

　　這些速寫(**圖03**)呈現出不同角度的
頭部。請你注意到很重要的一點:當使
用比較極端的透視描繪頭部時,耳朵會
比你平常認知的位置顯得更高或更低。
理論上來說這個現象很難畫出來,但是

只要你了解頭部結構,就會變得簡單多
了。接下來,我們會探索頭部結構,而
不是解剖原理;**192頁**的〈**面部表情**〉
會更澈底討論特定的頭部解剖原理。

顱骨

　　許多頭部結構是受到顱骨形狀影響。下面的圖從各種透視角度呈現人類的顱骨。我們強烈建議你在研究和描繪的時候，使用真實的顱骨，你將更容易了解頭部。

　　圖中許多結構線也能用於繪製頭部外型，因為顱骨負責決定頭部輪廓。請注意顱骨的圓拱型頂部，前方兩側稍微向內凹進。這塊骨頭接著朝前微微向外伸，形成眼眶和顴骨。頭顱底部的角度比較明顯。下巴的實際形狀絕大部分取決於主角的性別和他們天生的骨頭結構。

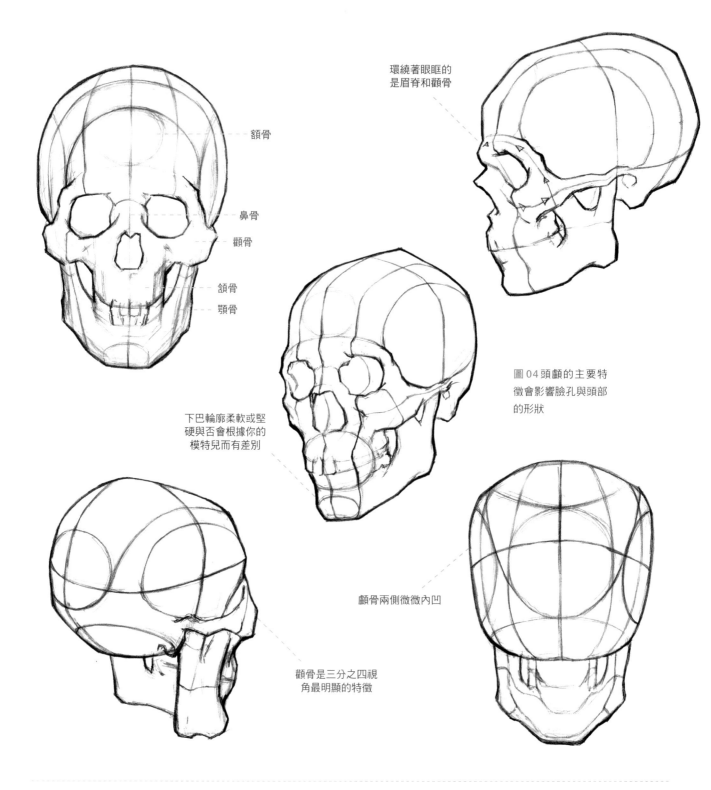

環繞著眼眶的是眉脊和顴骨

額骨

鼻骨

顴骨

頜骨

顎骨

下巴輪廓柔軟或堅硬與否會根據你的模特兒而有差別

圖 04 頭顱的主要特徵會影響臉孔與頭部的形狀

顱骨兩側微微內凹

顴骨是三分之四視角最明顯的特徵

比較結構

這三張圖呈現的是頭部的側視圖。在頭顱骨這一張，你可以看見前一頁裡討論的關鍵特徵，比如突出的眉骨和顴骨。中間的圖表現出頭部富有韻律的結構線。你已經在**第48頁**看過了，這些主要形狀主導了大部分照在主題上的光線效果。

比較這些圖，你可以看見頭顱的顴骨對臉頰的影響。在頭顱上，顴骨包裹住臉孔正面之後，進入陰影區域；所以臉頰也會有同樣的明暗變化。眉骨、眼眶、下巴在頭顱上形成明顯的陰影，因此臉孔上也看得見相同的陰影區域。

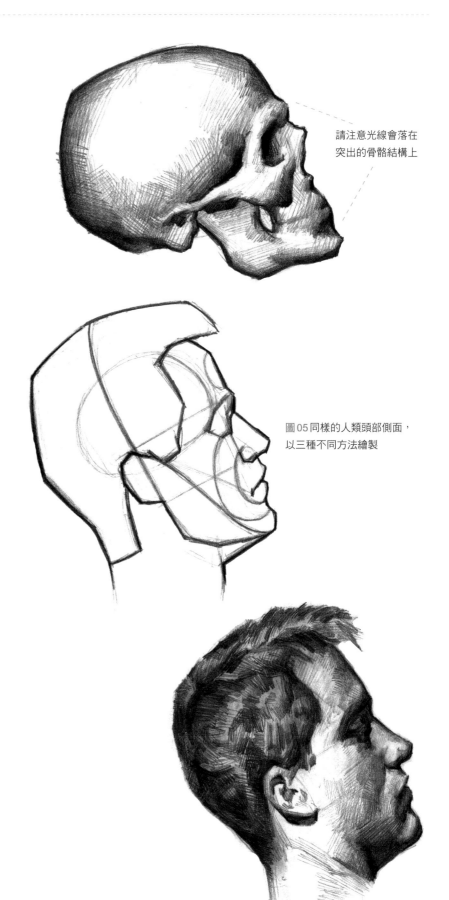

請注意光線會落在突出的骨骼結構上

圖05 同樣的人類頭部側面，以三種不同方法繪製

平面解剖

在本章後半部，你會看見以「平面」呈現的頭部圖例，這些頭的解剖特徵都被簡化成幾何平面和塊狀結構了，類似下方的圖示。研究由平面組成的模特兒對逐步描繪整體形狀很有用，特別是在不同光線條件和不同角度時。

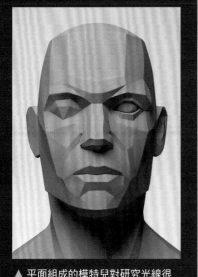

▲ 平面組成的模特兒對研究光線很有用

肌肉群

人體的眾多肌肉有許多不同形狀、長度、角度,在臉孔上交織在一起。這些肌肉全都幫助創造出不同的面部表情和動作,給幾何形狀的頭部帶來生氣和個性。在你開始表現動作中的臉孔之前,需要先考慮臉孔的肌肉組織。

圖 06 和 **圖 07** 是側面和正面臉孔的肌肉組織,這些肌肉對於想創作肖像和人物的畫家來說非常重要。研究這些肌肉能讓你對幫助形成臉孔形體的關鍵肌肉更有概念。了解肌肉的動作和變化對創造表情和傳達情緒是極為必要的,我們會在**第 192 頁**討論。

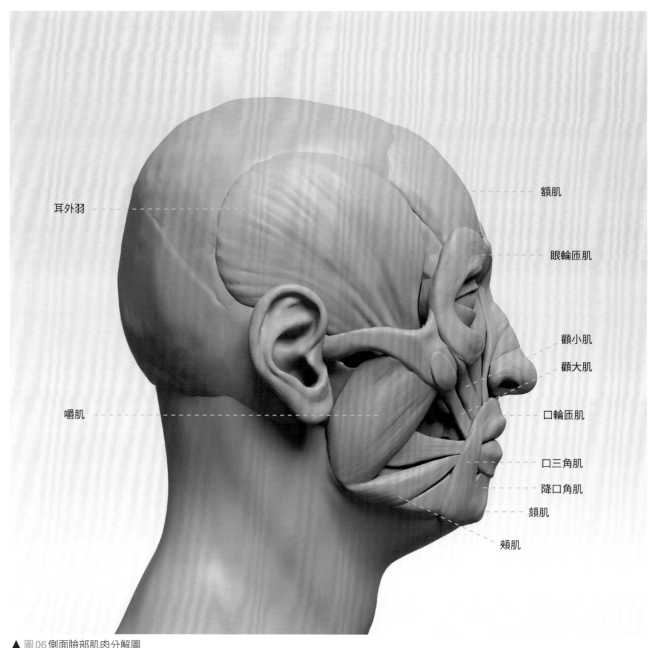

額肌

眼輪匝肌

顴小肌

顴大肌

口輪匝肌

口三角肌

降口角肌

頦肌

頰肌

耳外羽

嚼肌

▲ 圖 06 側面臉部肌肉分解圖

臉孔表面

如同肌肉、骨骼、軟骨，臉孔也是由皮膚表面下的脂肪層塑型的。這些脂肪層分布在全臉，譬如眉毛、臉頰、下巴、頜部，這些每種體型都會有的區域；但是會根據你的人物年齡和生理結構變化。所以在描繪和渲染臉孔的時候要記得這些比較柔軟，脂肪比較多的區域。

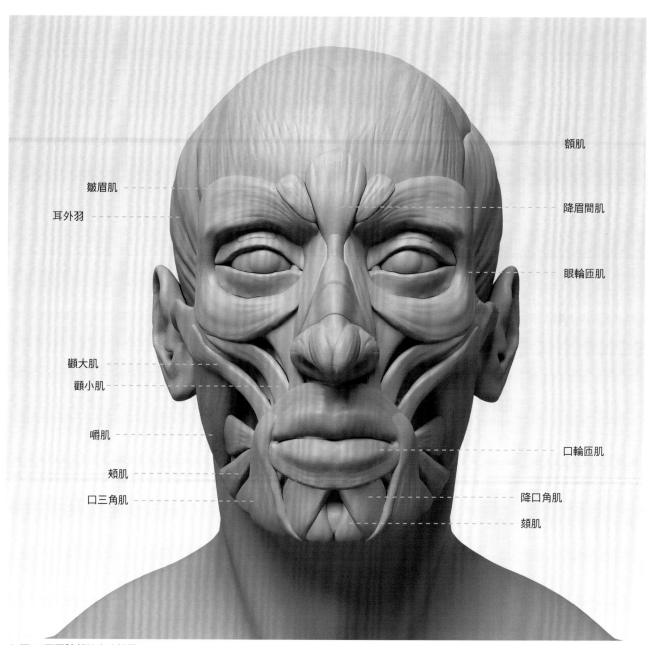

額肌

皺眉肌

耳外羽

降眉間肌

眼輪匝肌

顴大肌

顴小肌

嚼肌

口輪匝肌

頰肌

口三角肌

降口角肌

頦肌

▲ 圖 07 正面臉部肌肉分解圖

嘴巴

現在讓我們來看看臉孔的幾個特徵：嘴巴，鼻子，眼睛，嘴唇。先從嘴巴開始，你也許已經注意到這一頁的頭部結構圖裡，嘴巴周圍以圓柱形狀環繞起來。嘴巴是非常圓的區域，大部分是因為頜骨和顎骨（上頜骨和下頜骨，**圖08**）的圓柱狀形態。為了展示這個結構，我們將**圖09**裡的兩片嘴唇放在圓柱上，表示嘴唇包裹圓柱的狀態。如果你畫的嘴唇看起來太平面或是不寫實，就要記住這個重點，因為這個重點也能用來從任何角度畫嘴唇（**圖10**）。

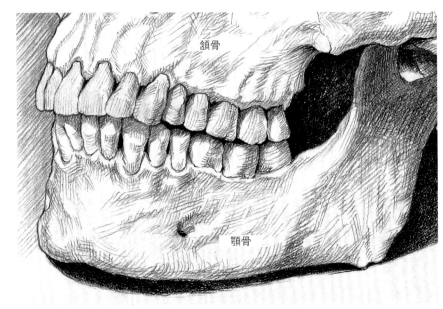

圖08由麗塔・佛斯特繪製

▲ 圖08 上頜（頜骨）和下頜（顎骨）會影響嘴巴和嘴唇的形狀

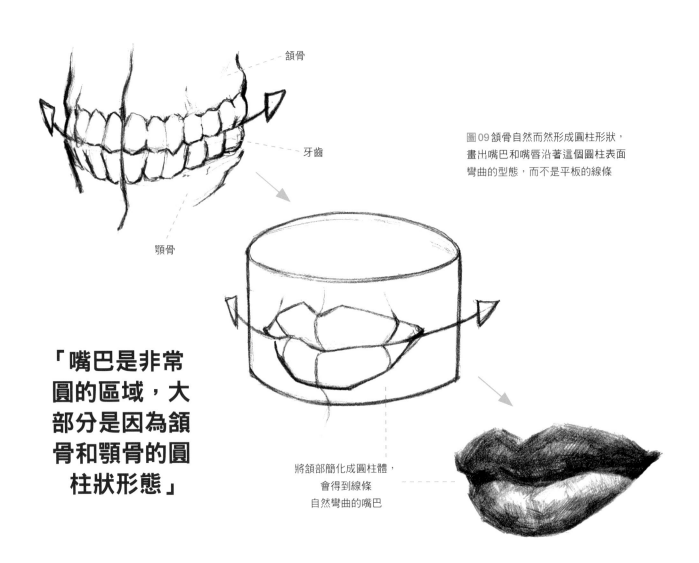

頜骨

牙齒

顎骨

圖09 頜骨自然而然形成圓柱形狀，畫出嘴巴和嘴唇沿著這個圓柱表面彎曲的型態，而不是平板的線條

「嘴巴是非常圓的區域，大部分是因為頜骨和顎骨的圓柱狀形態」

將頜部簡化成圓柱體，會得到線條自然彎曲的嘴巴

圖08由麗塔・佛斯特繪製
其餘插圖由麥特・史密斯繪製

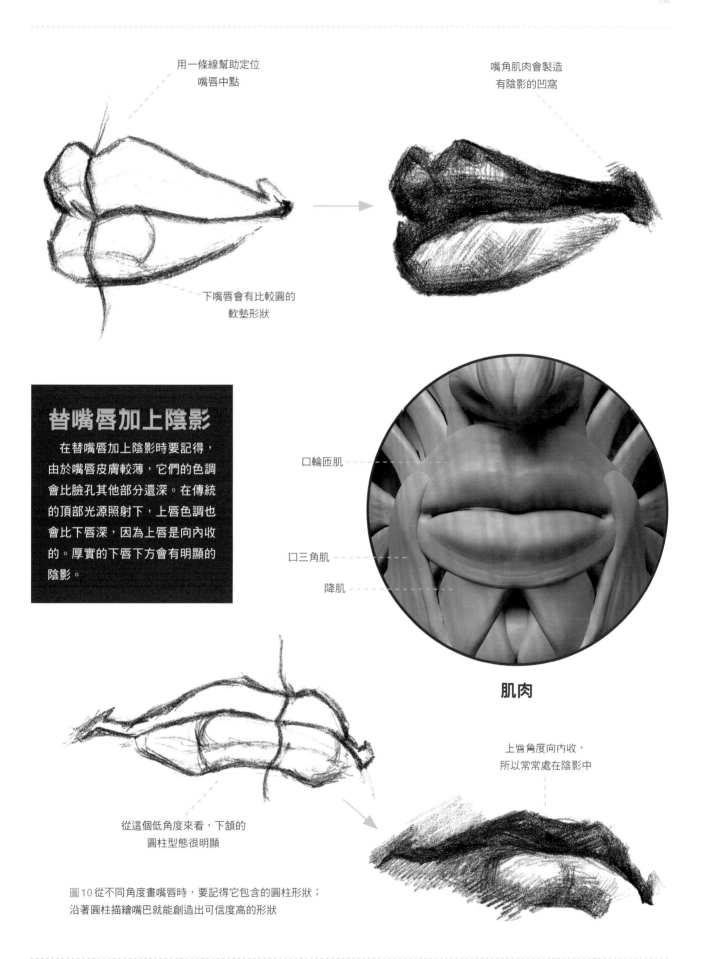

用一條線幫助定位
嘴唇中點

嘴角肌肉會製造
有陰影的凹窩

下嘴唇會有比較圓的
軟墊形狀

替嘴唇加上陰影

在替嘴唇加上陰影時要記得，
由於嘴唇皮膚較薄，它們的色調
會比臉孔其他部分還深。在傳統
的頂部光源照射下，上唇色調也
會比下唇深，因為上唇是向內收
的。厚實的下唇下方會有明顯的
陰影。

口輪匝肌

口三角肌

降肌

肌肉

上唇角度向內收，
所以常常處在陰影中

從這個低角度來看，下頜的
圓柱型態很明顯

圖10 從不同角度畫嘴唇時，要記得它包含的圓柱形狀；
沿著圓柱描繪嘴巴就能創造出可信度高的形狀

鼻子

　　畫鼻子不容易，但是我們可以藉著將鼻子想成圓柱或頂端扁平的錐形來將它簡化。一個引導自己的方式就是記得皮膚底下的鼻骨賦予鼻子一座「橋梁」（圖11）。與鼻骨連結的是數塊軟骨，它們構成鼻子的其餘部分，包括鼻頭和鼻孔（圖12）。

　　圖13顯示的是一系列不同透視角度的鼻子。請注意鼻子的各個面，尤其是圓形的鼻頭突起頗鼻翼。鼻翼是從鼻子前方伸展出來的，包住鼻頭之後向後彎折，重新接回臉孔。

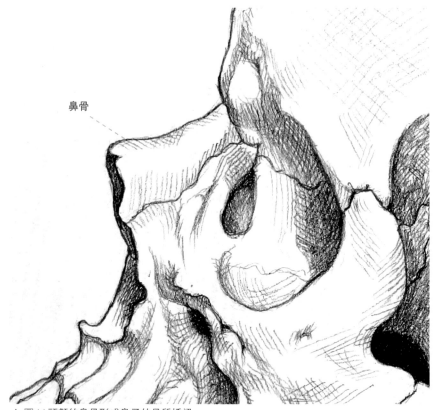

鼻骨

▲ 圖11 頭顱的鼻骨形成鼻子的骨質橋梁

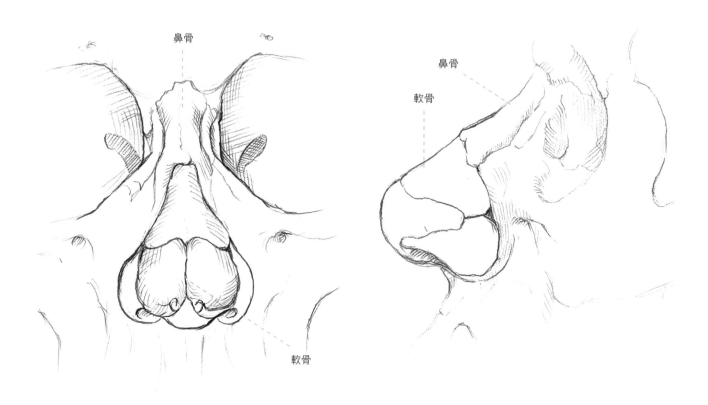

鼻骨

軟骨

鼻骨

軟骨

▲ 圖12 鼻子其餘組成部分都是軟骨

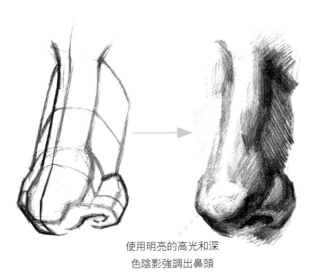

使用明亮的高光和深
色陰影強調出鼻頭

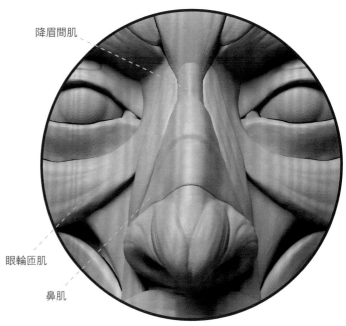

降眉間肌

眼輪匝肌

鼻肌

肌肉

圖13將鼻子視為被壓
扁的圓柱或錐體，簡
化複雜的形狀

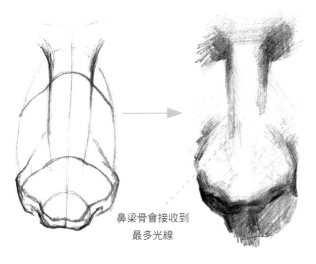

鼻梁骨會接收到
最多光線

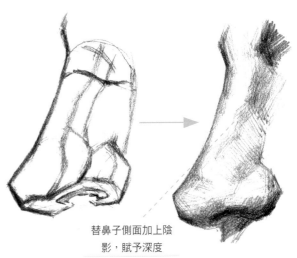

替鼻子側面加上陰
影，賦予深度

仰視角

右圖顯示的是從下面往上看鼻
子，可以清楚看見鼻翼在鼻頭附
近向外延展。這個角度不容易畫
得正確，所以你要先花一點時間
思考，研究鼻子的結構，以及它
和臉孔的連結方式。

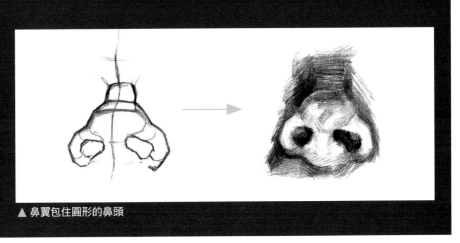

▲ 鼻翼包住圓形的鼻頭

眼睛

畫眼睛很有趣，它們可以告訴觀者許多有關於畫中人物或角色的訊息，你會在第192頁的〈表情〉看到。眼睛的基本形狀是配合眼球的球形，所以你必須小心，不要畫成扁平形狀。雖然眼睛嵌在頭顱的眼眶裡，卻有一部分卻是凸出於臉部的；畫眼球和包住眼球的眼皮時，你必須記得它們是球體（圖14）。要注意這些圖裡的陰影線條必須跟著包住眼周的皮膚走向。

畫眉毛的時候也一樣要記得它們不是平的，而是包覆著頭顱上彎曲的眉骨。永遠要記得頭顱的細節，並且考慮臉上的特徵和頭顱構造之間的關係（圖15和圖16）。

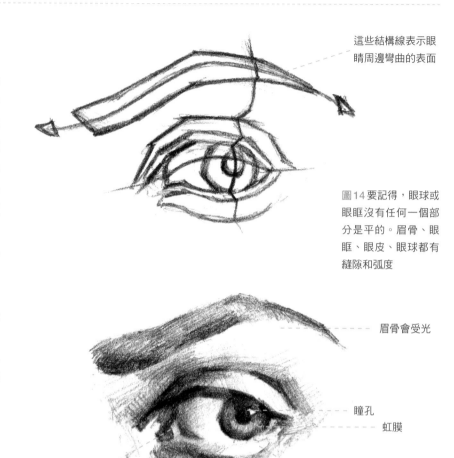

這些結構線表示眼睛周邊彎曲的表面

圖14 要記得，眼球或眼眶沒有任何一個部分是平的。眉骨、眼眶、眼皮、眼球都有縫隙和弧度

眉骨會受光

瞳孔

虹膜

淚管

眼皮具有厚度，會在眼球上投下陰影

眼球的形狀

在畫眼睛時要記得很重要的一點，就是眼睛是球體，所以邊緣會有比較深的陰影，你可以在下面這張眼睛往光源反方向看的圖裡看到。

在現實世界裡，人類的眼球不是完美的圓形，可是把它當作正圓形，對畫輪廓和表示光線時比較容易。

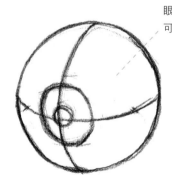

眼球不是完美的圓形，可是為了藝術目的可以被畫成正圓形

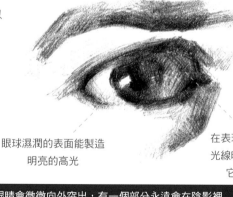

眼球濕潤的表面能製造明亮的高光

在表現打在眼球上的光線時，一定要考慮它的圓球形狀

▲ 在添加陰影和光線時，要想像眼球是球體。這個形狀代表眼睛會微微向外突出，有一個部分永遠會在陰影裡

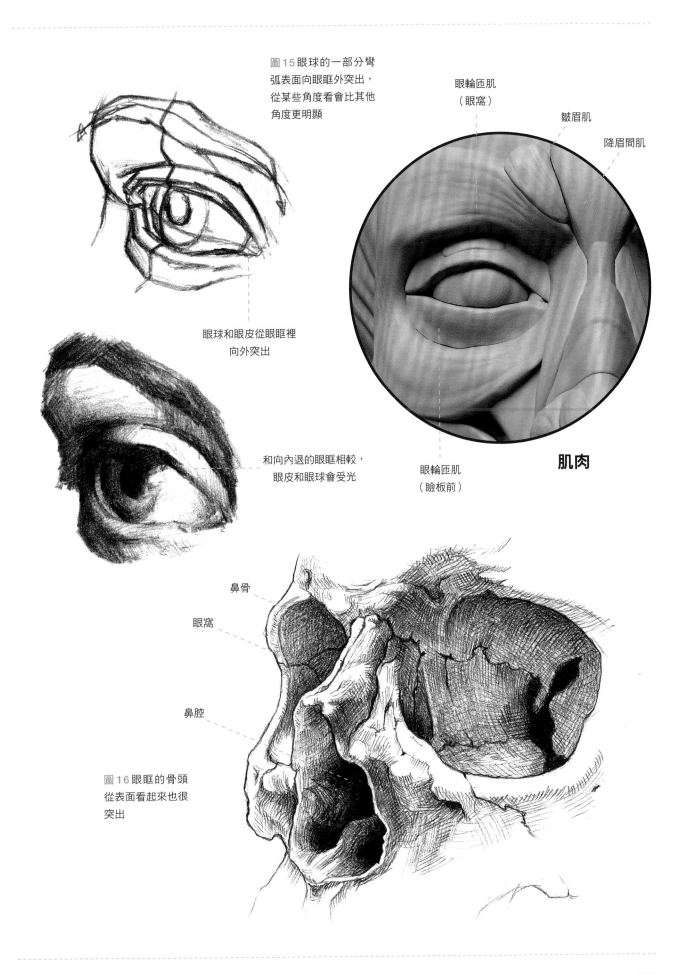

圖15 眼球的一部分彎弧表面向眼眶外突出，從某些角度看會比其他角度更明顯

眼輪匝肌
（眼窩）

皺眉肌

降眉間肌

眼球和眼皮從眼眶裡向外突出

和向內退的眼眶相較，眼皮和眼球會受光

眼輪匝肌
（瞼板前）

肌肉

鼻骨

眼窩

鼻腔

圖16 眼眶的骨頭從表面看起來也很突出

3D繪圖由馬里歐・安格繪製，圖16由麗塔・佛斯特繪製
其餘插圖由麥特・史密斯繪製

耳朵

　　你可能覺得耳朵不容易畫，因為它們是由彼此交織的複雜形狀組織起來的。看看**圖17**和**圖18**裡的耳朵，觀察裡面的結構彼此之間的交錯關係。留意分成兩個部分的耳垂：一個部分沿著耳朵外圍環繞一圈之後轉向裡面，另一個部分在內圈蜿蜒形成耳朵內部。

　　在畫整個頭部的時候，無論你畫的耳朵有多逼真——只要透視不準確，你的畫看起來就會不對勁。一個有用的準則是，耳殼頂點和眼睛等高，耳垂底繪和鼻子尖端或嘴角齊平。

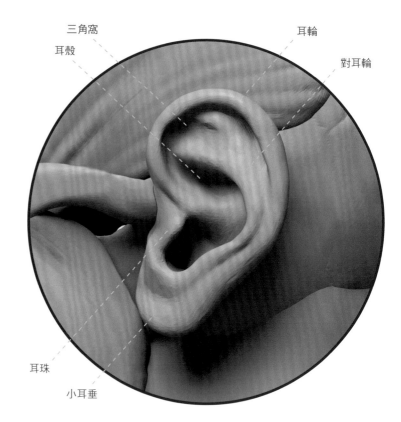

三角窩
耳殼
耳輪
對耳輪
耳珠
小耳垂

外耳

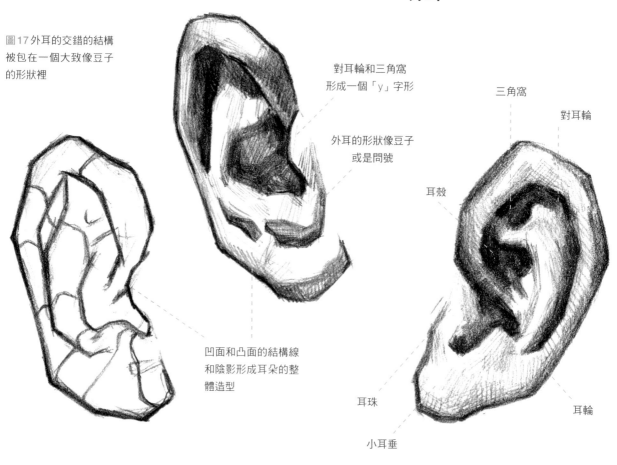

圖17外耳的交錯的結構被包在一個大致像豆子的形狀裡

對耳輪和三角窩形成一個「y」字形

外耳的形狀像豆子或是問號

三角窩
對耳輪
耳殼

凹面和凸面的結構線和陰影形成耳朵的整體造型

耳珠
耳輪
小耳垂

3D繪圖由馬里歐‧安格繪製
其餘插圖由麥特‧史密斯繪製

抓出方塊結構

　　如果你無法正確掌握耳朵的透視，就將他們想成立體的「D」字形，如下圖所示，然後將它們放在你畫好的頭部結構上檢查。要記得這些形狀不是平貼在頭的兩側，而是稍微帶點角度的。

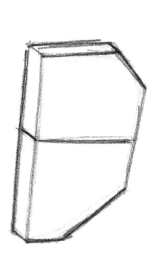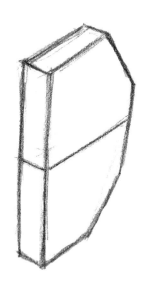

▲ 如果你抓不準方位，就可以把耳朵簡化為「D」形立方體

圖18 以其他角度畫外耳的時候要記得，外耳不是扁平的，從前方和後方看都能看見弧度和稜線

對耳輪常常會比耳朵的其他稜線還突出

別忘記這個視角裡彎曲的耳朵背部

「無論你畫的耳朵有多逼真——只要透視不準確，你的畫看起來就會不對勁」

整體頭部

一旦了解頭部結構之後，畫出的作品就會更有可信度。下面這幾張畫表示的是將五官組合在一起，畫出完整的頭部。

圖19是頭部的結構輪廓。圖20是使用導引線標出起伏線條和結構畫出的部分頭部；嘴巴跟著位於臉孔正面的圓柱體，眼睛和眼皮具有明顯的球狀特徵。

圖21是完成的鉛筆繪圖，加上了皮肉的感覺，給塊狀結構增添更柔和自然的肌理。

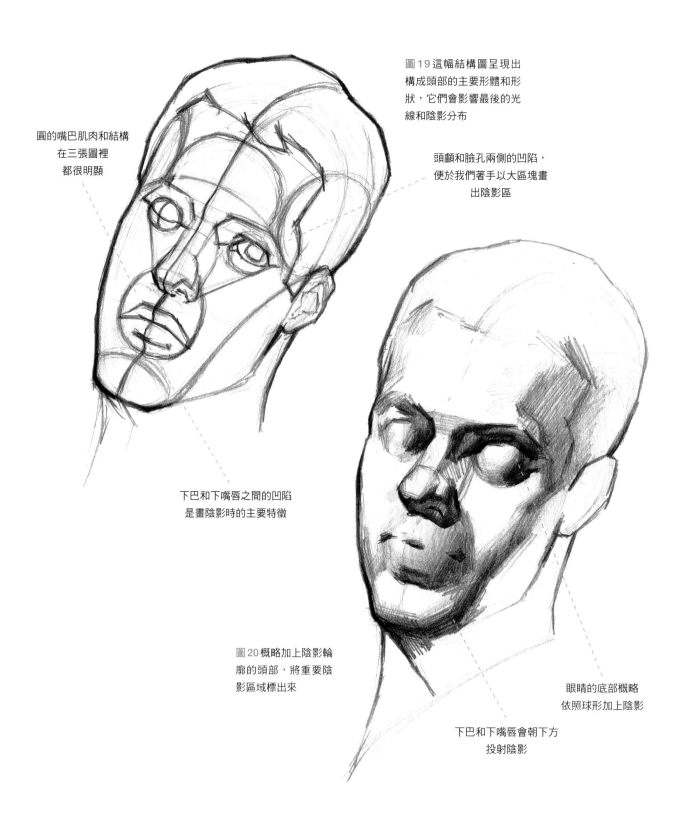

圓的嘴巴肌肉和結構
在三張圖裡
都很明顯

圖19這幅結構圖呈現出
構成頭部的主要形體和形
狀，它們會影響最後的光
線和陰影分布

頭顱和臉孔兩側的凹陷，
便於我們著手以大區塊畫
出陰影區

下巴和下嘴唇之間的凹陷
是畫陰影時的主要特徵

圖20概略加上陰影輪
廓的頭部，將重要陰
影區域標出來

眼睛的底部概略
依照球形加上陰影

下巴和下嘴唇會朝下方
投射陰影

麥特・史密斯繪圖

圖 21 以鉛筆精細
描繪之後的成品，
充分顯現五官特徵
和表面細節

前額接近光源，
所以相對明亮

眼鏡之類的配件
在最後才加上

眼鏡投下的陰影
會跟隨臉頰形狀

柔和地處理下頷邊角的線條，
使其自然地轉變為脖子

下唇通常向外突出，
投下陰影

下巴和頷部會在
脖子造成陰影

表情

現在你已經熟悉了臉孔與頭部的解剖結構，我們來看看如何利用逼真的表情為你的畫注入情緒。當然，人的表情遠多於這個段落討論的九種表情，可是這些是最基本的表情，一旦掌握了就會很有用。如果你觀察到了更複雜的表情，通常它們都是以這幾種表情為基礎的，再加上眼睛或嘴型的細微變化。

快樂

圖22是快樂的笑臉，嘴唇緊閉。眉毛放鬆，主要的動作肌肉是顴肌，會將嘴巴往兩側和往上拉，造成臉頰到下巴的皺紋。在比較激烈的笑容裡（圖23），眼角會形成皺紋，也有可能會露出牙齒。在創作比較快樂的表情時，試著想像渾圓柔和的形狀，臉孔應該看起來平易近人。

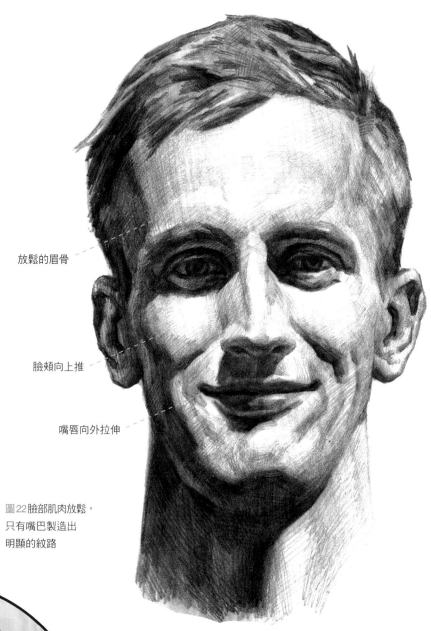

放鬆的眉骨

臉頰向上推

嘴唇向外拉伸

圖22臉部肌肉放鬆，
只有嘴巴製造出
明顯的紋路

關鍵陰影重點

眼緣的「魚尾紋」

嘴巴和鼻子周圍的溝紋

3D繪圖由馬里歐‧安格繪製
其餘插圖由麥特‧史密斯繪製

負責動作的肌肉

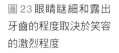

眼輪匝肌會收縮，
瞇細眼睛

顴肌提高嘴巴

圖23 眼睛瞇細和露出
牙齒的程度取決於笑容
的激烈程度

前額相當光滑

嘴巴閉上，或張開
露出牙齒

眼睛微微變細，
臉頰上提

鼻唇褶線
（「法令紋」）自鼻子
延伸到嘴巴

悲傷

在這些表情裡（**圖24 和 圖25**），眼輪匝肌提高眉毛內側和額頭，並且壓低眉毛其餘部分，使眼睛變細。眼輪匝肌將上唇嘴角向下推，向外拉開嘴唇，使得外推的下唇噘起。頰肌向上推，使雙頰鼓起。

額頭形成皺紋

眉毛向中央推擠
形成皺紋

圖24 眉毛皺起，嘴角
向下彎，表示悲傷

嘴唇向外向外拉
伸之後下彎

關鍵陰影重點

眉毛上方和中間的
皺褶

臉頰皺起時明顯的
鼓起

3D繪圖由馬里歐・安格繪製
其餘插圖由麥特・史密斯繪製

負責動作的肌肉

額肌收縮

眼輪匝肌將眉毛上推

口輪匝肌將嘴巴
向下推

口三角肌會收縮

圖25 嘴唇拉深之後向
下彎，所以嘴巴附近
可能會出現皺褶

年齡也會影響皺紋數量

眼球上明亮的高光
暗示眼淚或濕度

眉毛曾向中間拉

所有的面部特徵看
起來都向下垂

比較細微的表情牽動
的肌肉也比較少

憤怒

圖 26 和 **圖 27** 是憤怒的表情。這裡的五官全部向內拉，使臉孔變形，所以憤怒的表情看起來很不美觀。眼輪匝肌會將眉毛向下向內推，形成皺紋，並逼進眼睛。顴肌拉高嘴巴之後又向內推。鼻孔也會被拉高，跟頦肌一起形成下巴的鼓起。

眉毛下壓，
互相推擠

鼻子周圍形成
溝紋

嘴唇緊閉變窄

圖 26 任何憤怒的
表情都會使五官
壓縮變形

關鍵陰影重點

眉毛之間形成
深深的溝紋

鼻子周圍產生皺紋

嘴巴形成嚴峻的線條

3D 繪圖由馬里歐・安格繪製
其餘插圖由麥特・史密斯繪製

負責動作的肌肉

鼻眉肌和皺眉肌
製造出溝紋

眼輪匝肌繃緊眼
睛周圍

口輪匝肌壓縮嘴巴

前額形成皺紋，
眉毛互相推擠

鼻子附近的皺紋
也許會比較深

頭部向下壓，加強
生氣的效果

嘴唇變得緊繃，
壓縮在一起

圖27 眉毛彼此推擠時會
出現明顯的眉間皺褶，
形成皺眉的表情

3D繪圖由馬里歐‧安格繪製
其餘插圖由希爾薇亞‧邦巴繪製

恐懼

　　圖28和**圖29**是恐懼的表情。類似於驚訝的表情（第200頁），眼睛因為額肌將眼輪匝肌向上拉提而大大睜開，提高的眉毛在前額造成皺紋。嚼肌會微微向下拉，使嘴巴打開。顴肌向上向外拉高嘴唇，口三角肌和降口角肌將下唇下拉露出牙齒，顯出扭曲的恐懼表情。

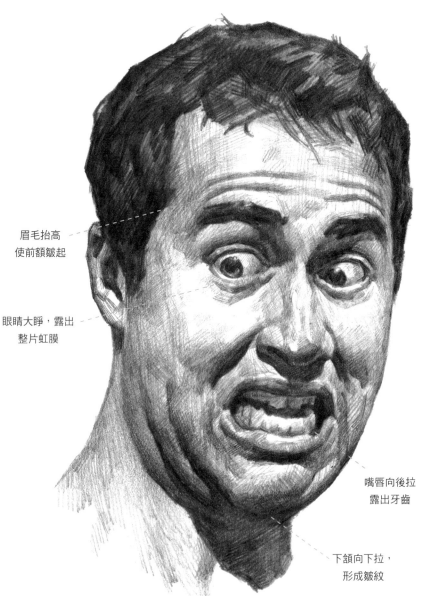

眉毛抬高
使前額皺起

眼睛大睜，露出
整片虹膜

圖28張開眼睛，露出牙齒，
表達恐懼和恐懼

嘴唇向後拉
露出牙齒

下頜向下拉，
形成皺紋

關鍵陰影重點

眉毛抬起時，
眉肌形成皺紋

眼白看得更明顯

嘴巴向下垂的時候
也許會形成皺紋

也許能看見嘴巴內
的陰影

3D繪圖由馬里歐・安格繪製
其餘插圖由麥特・史密斯繪製

負責動作的肌肉

額肌提起眉毛

眼輪匝肌使眼睛圓睜

顴肌向上打開嘴巴

嚼肌和口三角肌
向下拉開嘴巴

圖29 試著使用不同的
嘴巴表情呈現不同的
害怕或驚恐程度

前額皺起，
眉毛提高

眼睛圓睜

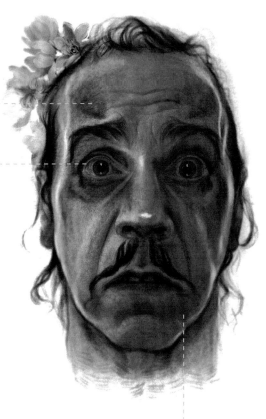

臉也許會鬆弛下垂，
彷彿麻痺了

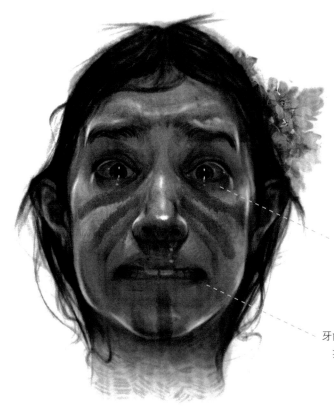

添加眼球高光
能暗示眼淚

牙齒也許會因為嘴唇
扭曲而顯露出來

3D繪圖由馬里歐·安格繪製
其餘插圖由希爾薇亞·邦巴繪製

驚訝

　　在驚訝的表情裡（**圖32**和**圖33**），額肌將眼輪匝肌向上拉，所以眉毛順勢上提，使眼睛變大，在額頭造成皺紋。嚼肌將下巴下拉，打開嘴巴；顴肌也會拉伸嘴巴使它更大。

圖32嘴巴和眼睛大大張開，形成驚訝的樣子

額頭皺起，提高眉毛

眼睛又大又亮

可以看見深色的口腔內部

關鍵陰影重點

傳達情緒

　　在畫快樂和生氣之類「純粹」的表情時，五官運動往往會是左右兩側對稱的。在畫比較混合的情緒時，比如困惑或者不懷好意的笑容，臉部兩側的肌肉會有不同的互動。畫快樂一點的面部表情時，肌肉可以比較放鬆，試著想一想渾圓和柔和的形體。但是畫肌肉被向內拉扯的生氣臉孔時，要試著捕捉這種充滿稜角的尖銳感。將這些要點記在腦海裡，能幫助你替每一個情緒創造出寫實的效果。

3D繪圖由馬里歐・安格繪製
其餘插圖由麥特・史密斯繪製

負責動作的肌肉

額肌提高眉毛

眼輪匝肌向上拉

顴肌和嚼肌將嘴巴
大大打開

眉肌抬起

圖33 嘴角會根據驚訝
是否令人開心而向上
或向下彎

眼皮大大張開

嘴巴也許會因為
笑容而露出牙齒

下巴下降，
打開嘴巴

3D繪圖由馬里歐·安格繪製
其餘插圖由希爾薇亞·邦巴繪製

困惑

圖30是困惑或不確定的表情。如同懷疑的表情（第205頁），臉孔兩邊的肌肉動作各有不同。額肌將臉孔兩邊的眼輪匝肌向上拉，但是在這幅畫裡的左邊拉提程度比右邊高，因此額頭皺紋會比較多，而且越往右方的皺紋就越少，直到消失。右邊的顴肌將嘴巴向外向上拉，在右臉造成比左邊明顯的動作，賦予嘴巴帶著困惑神情的不對稱扭曲。這個表情裡的頦肌鼓起也比較明顯。

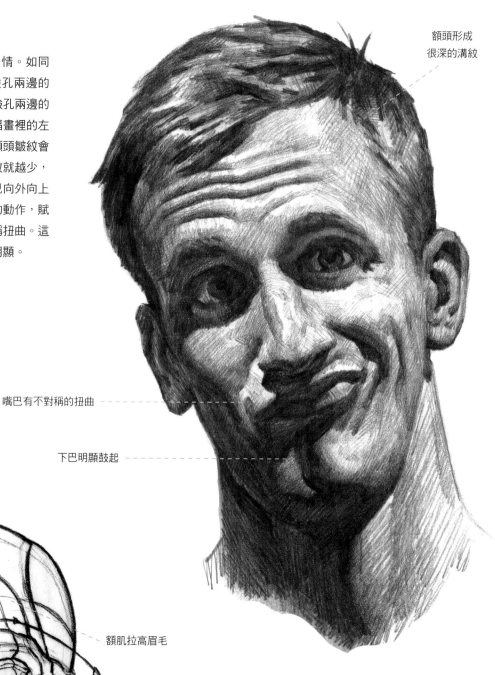

額頭形成
很深的溝紋

嘴巴有不對稱的扭曲 ----------

下巴明顯鼓起 ----------

圖30扭曲的嘴巴和眉肌的
溝紋構成困惑的表情

負責動作的肌肉

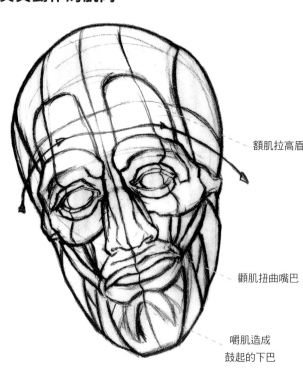

額肌拉高眉毛

顴肌扭曲嘴巴

嚼肌造成
鼓起的下巴

麥特・史密斯繪圖

厭惡

　　厭惡的表情（**圖31**）和憤怒的表情有某些相似之處。眉毛會比較低，眼睛逼細。鼻子附近的肌肉向上提，使鼻子產生皺紋，鼻孔擴張。上唇向上拉，嘴角下彎，呈現咬牙切齒或是扭曲的嘴。

降眉間肌和皺眉肌
使眉間形成溝紋

鼻子周圍的
肌肉拉起

負責動作的肌肉

圖31 扭曲的嘴和皺起的鼻子
組成厭惡的表情

眉毛下降，
眼睛逼細

鼻子周圍的
肌肉拉起

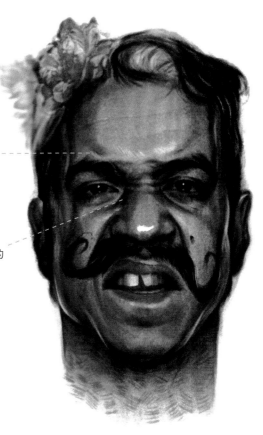

上唇上提，
嘴角向下拉

3D繪圖由馬里歐・安格繪製
其餘插圖由希爾薇亞・邦巴繪製

大笑

圖34是大笑的表情。眼輪匝肌將眉
毛向下壓,使眼皮闔上。顴肌將嘴角向
上向外拉,在臉頰上形成線條。口三角
肌由顴肌拉起,造成臉頰到下巴的皺
紋。嚼肌使下巴下降,打開嘴巴。嘴巴
附近的肌肉向上拉,露出上排牙齒的同
時也將鼻孔向上拉。

眼睛閉起,面頰
向上抬形成皺紋

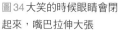

圖34大笑的時候眼睛會閉
起來,嘴巴拉伸大張

負責動作的肌肉

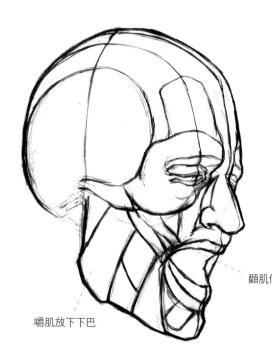

嚼肌放下下巴

顴肌使嘴巴變寬

嘴巴張開
露出牙齒

下巴下降
形成皺褶

描繪表情的訣竅

創造逼真的面部表情也許很難,就連對專業畫家也不例外,但是你可以借助於許多訣竅。研究精於表現面部表情的
畫家作品會很有用,比如能畫出誇張和扭曲表情的動漫畫家。永遠使用好的視覺參考範例——如果你筆下的朋友或模特
兒對表演不在行,你也許就得指導他們做出你要的效果。

麥特・史密斯繪圖

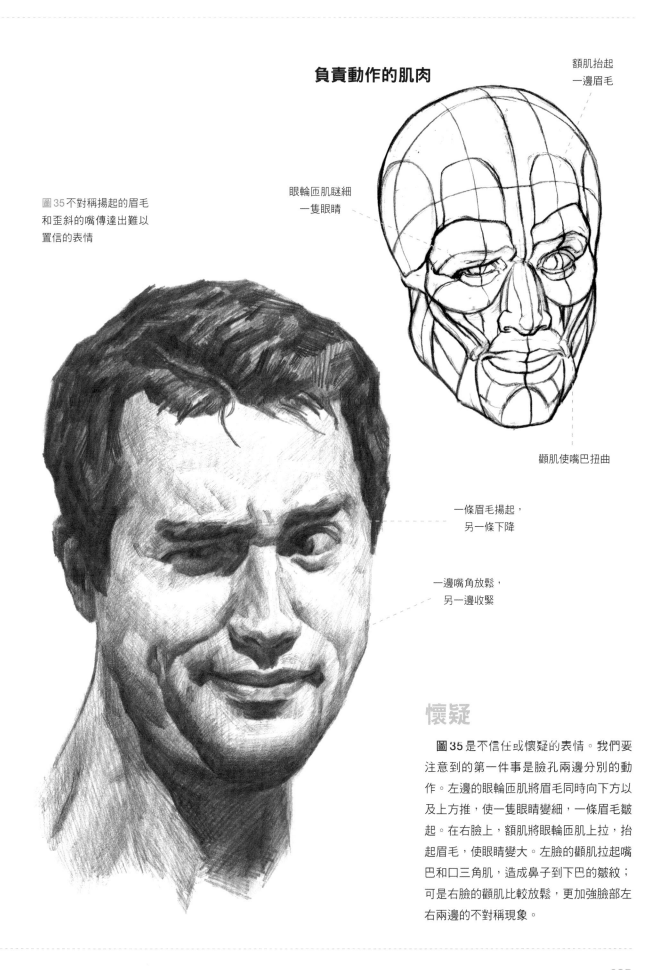

負責動作的肌肉

額肌抬起
一邊眉毛

眼輪匝肌瞇細
一隻眼睛

顴肌使嘴巴扭曲

圖35不對稱揚起的眉毛
和歪斜的嘴傳達出難以
置信的表情

一條眉毛揚起，
另一條下降

一邊嘴角放鬆，
另一邊收緊

懷疑

　　圖35是不信任或懷疑的表情。我們要
注意到的第一件事是臉孔兩邊分別的動
作。左邊的眼輪匝肌將眉毛同時向下方以
及上方推，使一隻眼睛變細，一條眉毛皺
起。在右臉上，額肌將眼輪匝肌上拉，抬
起眉毛，使眼睛變大。左臉的顴肌拉起嘴
巴和口三角肌，造成鼻子到下巴的皺紋；
可是右臉的顴肌比較放鬆，更加強臉部左
右兩邊的不對稱現象。

軀幹

人體主要的軀幹通常被新手畫家們畫成平板的塊狀體。所以了解軀幹的解剖構造是很重要，能讓你寫實地描繪出身體這個部位充滿能量的伸展和各種動作。

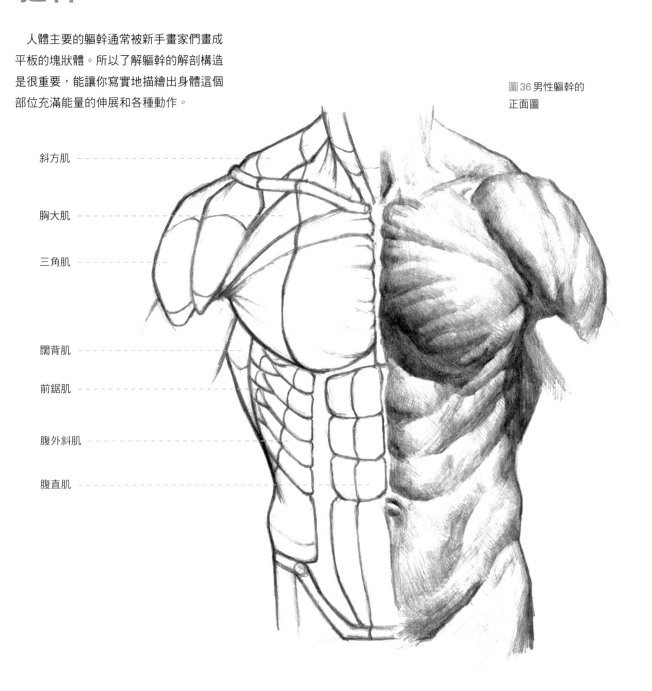

斜方肌

胸大肌

三角肌

闊背肌

前鋸肌

腹外斜肌

腹直肌

圖 36 男性軀幹的正面圖

正面

圖 36 是男性軀幹的正面圖。左邊是以直線標註的解剖構造，右邊是以鉛筆加上陰影後的肌肉型態。讓我們來探索一些可見的關鍵部位和肌肉群。

斜方肌

斜方肌是從正面只看得見一部分的大塊肌肉。它覆蓋了大部分的後背上半部，將後頸向上提高。這張圖中的斜方肌平順地介於頸子和肩膀之間，使軀幹輪廓更圓滑。

麥特・史密斯繪圖

胸大肌

接下來是胸大肌。這塊大的肌肉沿著胸骨和鎖骨開始,包覆住胸部之後和上臂的肱骨連結。有時候由於手臂的動作,這塊肌肉視覺化起來會比較複雜。**圖37**表示的是胸大肌的放射區間,幫助你看出來胸大肌和肱骨的連結狀態。注意在**圖38**和**圖39**裡,胸大肌的上半部會越過藏在**三角肌**下面的胸大肌下半部與手臂連接。手臂抬高時幾乎看不見胸大肌上半部,因為胸大肌下半部蓋過了上半部。

闊背肌

闊背肌覆蓋大部分的人體背部,在手臂下面與胸大肌連結形成腋肢窩。在闊背肌下面是前鋸肌。大部分的鋸肌和肋骨連在一起,由闊肌覆蓋,所以鋸肌通常是被比較突出的肌肉蓋住的。

腹外斜肌

腹外斜肌始於胸大肌下方,連接到骨盆頂部、肋骨、腹直肌。在一個瘦削富有肌肉的人身上,你也許能清楚看見鋸肌和腹外斜肌,它們會形成明顯的「樓梯」型態。

腹直肌

腹直肌從胸大肌下面開始,向下延伸到軀幹前方與骨盆連結。這束肌肉天生就由肌腱分成八塊。若經過足夠的鍛鍊,它們會形成眾所周知的「八塊肌」。

腹外斜肌、腹直肌、骨盆三者合起來會形成平滑的寬「U」字形,被許多畫家用來建構人體繪畫。根據軀幹的姿勢,部分鋸肌、腹斜肌、腹直肌看起來會是一整塊肌肉。

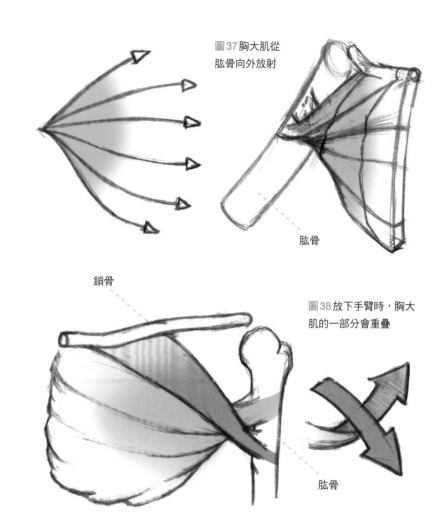

圖37 胸大肌從肱骨向外放射

肱骨

鎖骨

圖38 放下手臂時,胸大肌的一部分會重疊

肱骨

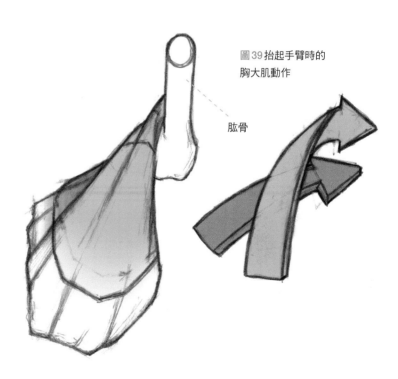

圖39 抬起手臂時的胸大肌動作

肱骨

背面

　　圖40是男性軀幹的背面圖。我們可以看見斜方肌的整體形狀，從脖子向下發展，延伸到肩膀之後在脊椎會合，形成「箭頭」形狀。

圖40 男性軀幹的背面，箭頭表示表面形體的走向

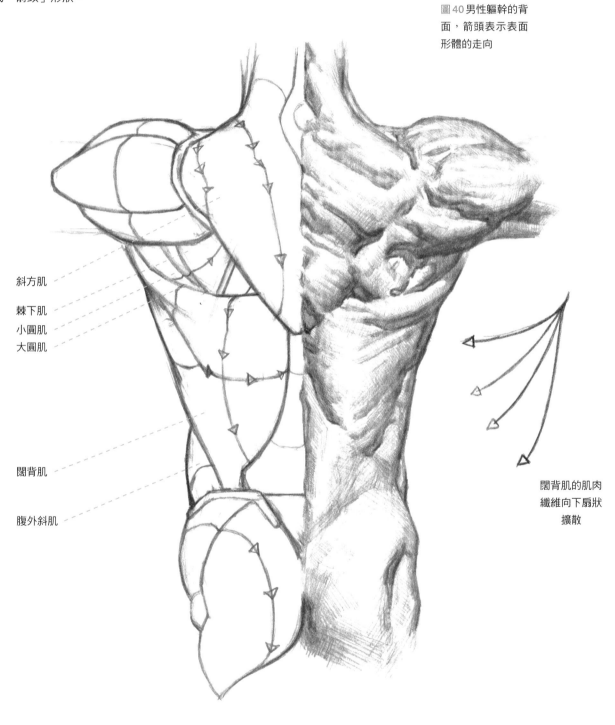

斜方肌

棘下肌
小圓肌
大圓肌

闊背肌

腹外斜肌

闊背肌的肌肉纖維向下扇狀擴散

麥特・史密斯繪圖

肩膀肌肉

接下來是肩胛骨的肌肉：**棘下肌、小圓肌、大圓肌**。這部分的背部很不容易辨別清楚，所以我們透過**圖41**來仔細觀察。這部分的肌肉有三層：棘下肌覆蓋住肩胛骨，向上延伸到鎖骨下方。小圓肌是下一圈肌肉，環繞一圈後與肱骨前方連結。最後，大圓肌連到肱骨下面連結。當手臂抬起時，這些肌肉會看得最明顯。在**圖40**加上陰影的右半邊軀幹上可以看見這些肌肉造成的柔和稜線。

背部肌肉

從背後，我們可以看到更多闊背肌的形狀。請注意它如何連到手臂下面，環包住背部，然後與斜方肌下方連結，再進入骨盆區。如果你仍然無法將它視覺化，就想像一條從手臂和三角肌區域向外輻射而出，環抱住背部的線。這塊肌肉形成平整的三角形肌肉墊，上面有非常淺的稜線，顯示出他向某些有所連結的骨頭之間的拉伸型態。

還要注意的是**腹外斜肌**底部的一小部分，形成一塊小肌肉塊，使軀幹輪廓更圓滑，而非有稜有角。

三角肌

在主要結構圖中，**三角肌**是向後轉動包覆的。我們會在**第211頁**更詳細解釋這一大塊肩膀肌肉，在**圖42**呈現出的是放鬆的位置。和**圖40**比起來，你可以看見肩膀肌肉隨著三角肌向後和向前轉動，抓住這些肌肉的連動感是很重要的。每一塊肌肉都應該銜接在一起，在現實中沒有不與其他身體部位連結起來的單獨球狀鼓起。

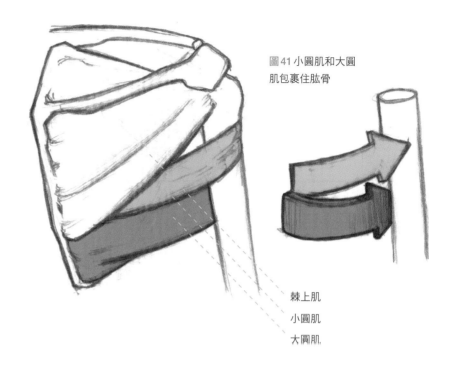

圖41 小圓肌和大圓肌包裹住肱骨

棘上肌
小圓肌
大圓肌,

圖42 放鬆時的肩膀肌肉和三角肌

正面斜角視圖

前鋸肌和腹外斜肌

圖43是**前鋸肌**和**腹外斜肌**的互動。從這個視角，你能看見它們如何在軀幹前方和側邊交織在一起，形成一系列交錯起伏的稜線。由於有許多很小的稜線，你在觀察甚至描繪陰影的的時候會覺得有點複雜。

胸大肌

你還要注意的是**胸大肌**。手臂抬起時，我們只看的見胸大肌底部，整塊肌肉都被向上拉起拉長。這個動作會將原本覆蓋住半個胸部的平板型肌肉轉化為幾乎是管狀的突起，極有可能改變你想描繪的陰影型態和外型。

闊背肌

這個角度也可以很清楚地看見**闊背肌**和伸長的胸大肌會合之後形成腋肢窩。

由於這些肌肉尺寸非常大，當以這種方式向上緊繃起來時，皮膚表面會形成明顯的溝槽。在你的圖裡千萬要捕捉到這些溝槽的深度。

腹直肌

有時候，**腹直肌**不容易表現。根據畫中人物的體型，將這八個肌肉區塊看成比較扁平或圓鼓的樣子也許會比較簡單。下面圖中模特兒的腹直肌是圓鼓，經過鍛鍊的緊繃形狀，所以我們將它畫得比較明顯。

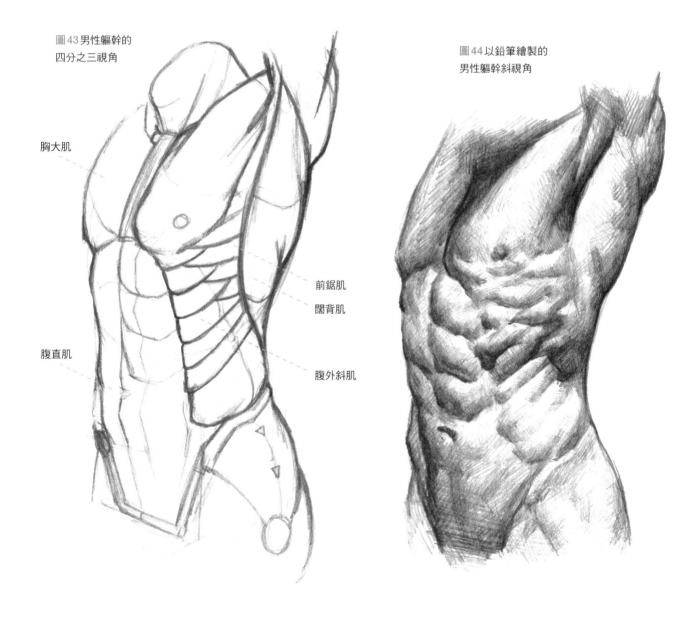

圖43 男性軀幹的四分之三視角

胸大肌

腹直肌

前鋸肌

闊背肌

腹外斜肌

圖44 以鉛筆繪製的男性軀幹斜視角

麥特・史密斯繪圖

肩膀頂部

肩膀是很特殊的挑戰,因為這個區域有許多和骨頭連接的不同肌肉,你可以在**圖45**裡看見。用寫實的手法描繪它們並不容易。

圖46的斜方肌在脖子到肩膀之間形成明顯的「脣形」邊緣,並且在脖子兩側造成深深的凹陷。新手畫家常常會忽略這一點,使肩膀看起來過於塊狀。請注意一個重點:一旦這個區域變得比較有肌肉感,比較圓鼓時,脖子就會顯得比較短。

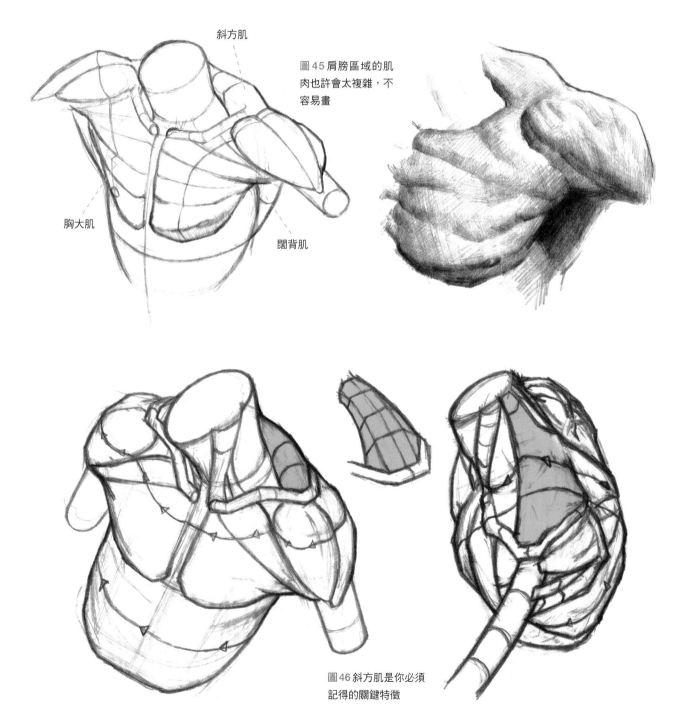

斜方肌

圖45肩膀區域的肌肉也許會太複雜,不容易畫

胸大肌

闊背肌

圖46斜方肌是你必須記得的關鍵特徵

背面斜角視圖

這些圖呈現的是軀幹的背後四分之三視角。這個透視角度很適合用來研究闊背肌與腹斜肌、鋸肌、胸大肌的重疊狀態。如同**圖47**和**圖48**所示，它在胸部後方形成平整、如盾牌般具保護性的肌肉塊。鼓起的胸大肌在完整的陰影描繪裡看得很清楚（**圖49**），它在闊背肌後方微微鼓起的陰影裡向外突出。

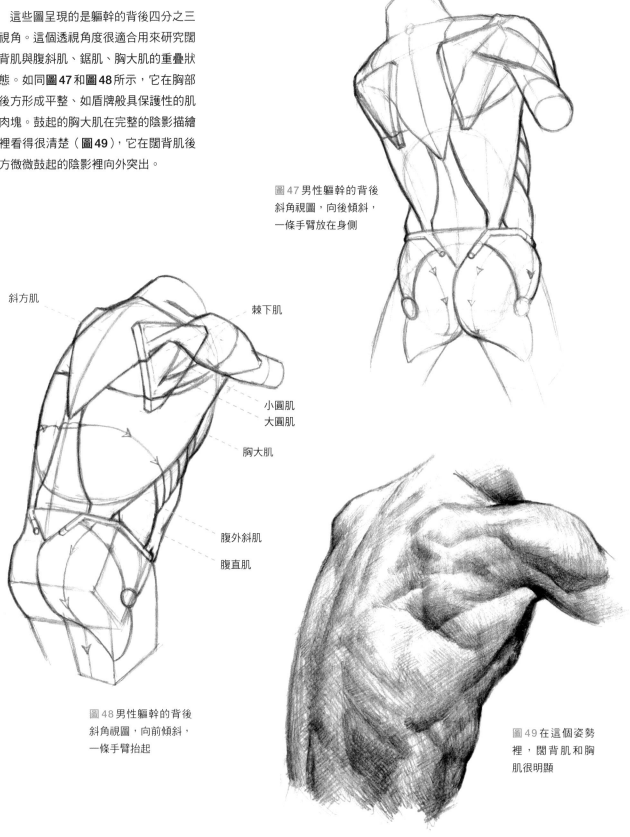

圖47 男性軀幹的背後斜角視圖，向後傾斜，一條手臂放在身側

斜方肌

棘下肌

小圓肌
大圓肌

胸大肌

腹外斜肌

腹直肌

圖48 男性軀幹的背後斜角視圖，向前傾斜，一條手臂抬起

圖49 在這個姿勢裡，闊背肌和胸肌很明顯

女性軀幹

　　圖50所示的女性軀幹基本解剖結構和男性的非常相似。最大不同之處就是尺寸和形體的明顯程度；通常來說，女性的肩膀和腰線比較纖細，臀部比較寬。你可以削減肌肉外型，使腰線部分明顯窄小，成為沙漏形狀。但是和男性軀幹一樣的是，這些線條的強調程度完全取決於你的模特兒或人物。在這些素描裡，你可以看見雖然乳房組織覆蓋在胸大肌上，內裡的胸部肌肉仍然和我們之前看過的一樣。

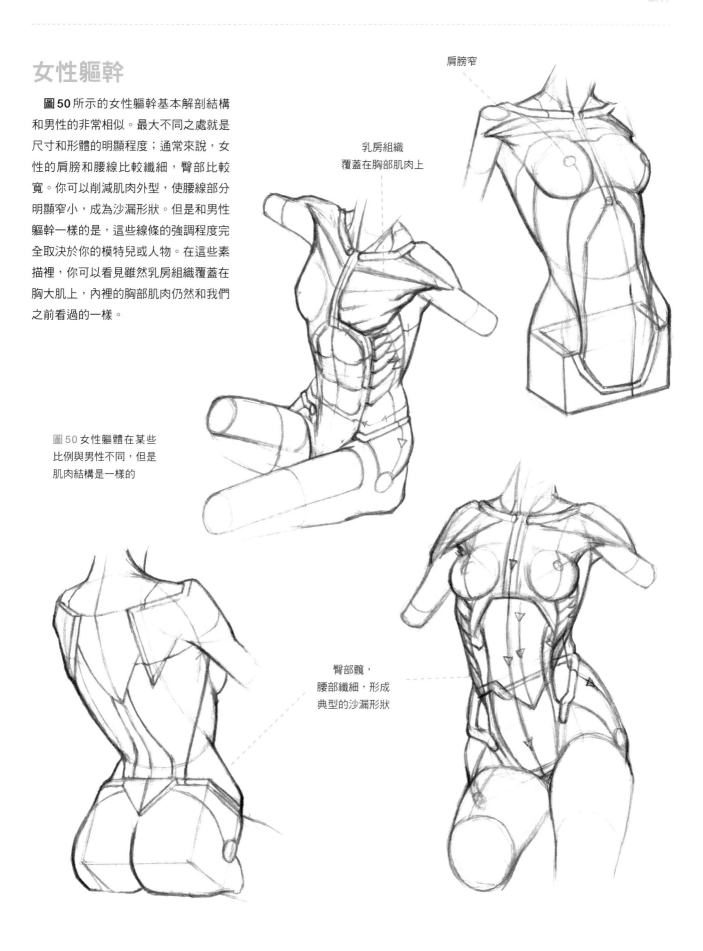

肩膀窄

乳房組織
覆蓋在胸部肌肉上

圖50 女性軀體在某些比例與男性不同，但是肌肉結構是一樣的

臀部髖，
腰部纖細，形成
典型的沙漏形狀

描繪姿勢

描繪軀幹和描繪手臂或腿有些許不同。雖然你仍然可以先畫出整體姿態走向的線條，但若是從找到肩膀和臀部的斜度著手，再塑出身體其餘部分，將會比較容易。本頁的圖是各種不同姿勢的軀幹，讓你看見根據不同姿勢的肌肉伸展和收縮型態。

在每個姿勢旁邊的小型結構線圖是根據人體素描領域的雷利抽象圖法則繪製，我們會在**第257頁**以全身姿勢更詳細地說明。

挺直的軀幹

圖51和**圖52**是挺直的軀幹後視圖以及前視圖。要掌握這個姿勢，必須找到肩膀和臀部的位置，然後用直線將它們標註出來。下一步是找到動作中線，跟著那條脊椎線；在這兩個例子裡，姿勢是直挺的。從背後尋找軀幹中線比較容易，因為只需要跟著脊椎就行了。當你對形狀滿意之後，根據它們建構出整體就比較容易了，可以在肩膀和鼠蹊之間，和脖子與臀部之間加上姿勢線條。

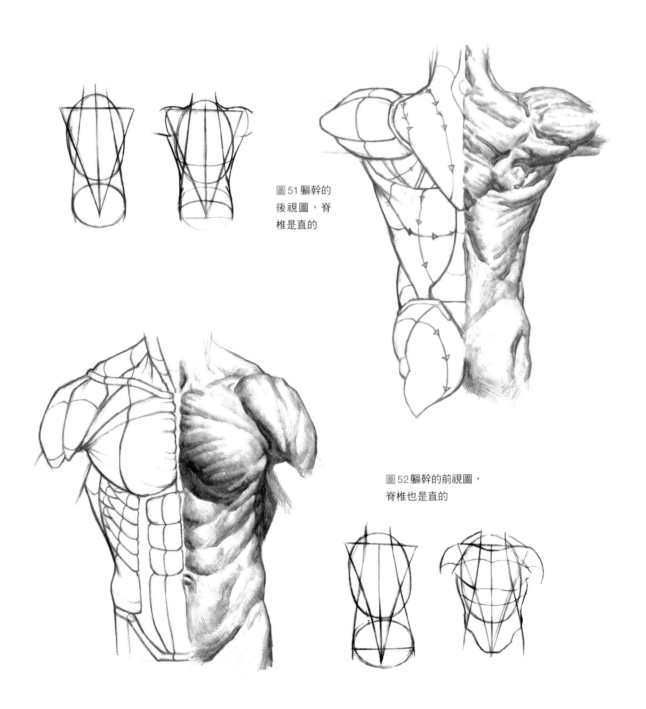

圖51 軀幹的後視圖，脊椎是直的

圖52 軀幹的前視圖，脊椎也是直的

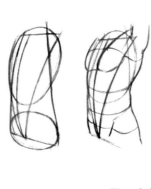

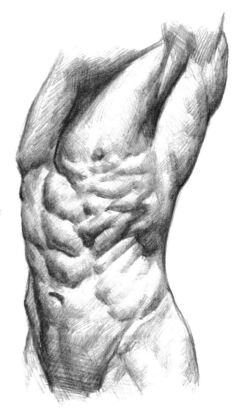

圖53 向上拉伸的軀幹
正面斜角視圖

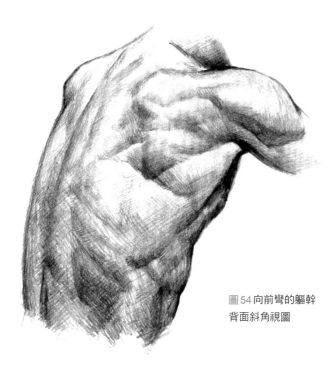

圖54 向前彎的軀幹
背面斜角視圖

伸展和彎曲的姿勢

圖53裡是比較有能量的軀幹樣貌。和之前一樣，安置好肩膀和臀部位置後找出中線，在這個姿勢裡是微彎的C型曲線。從肩膀到鼠蹊，脖子到臀部之間加上姿勢線條，完成軀幹的基本形狀

圖54的軀幹向前彎，和中線一起形成C形曲線。肩膀到鼠蹊的韻律線條永遠都會跟著中線的形狀，所以它們也會呈現C形彎曲。你可以看見這個角度使用了比較像箱子的線條來建構胸腔區域，這是因為這個視角的肌肉形狀比較突出。

A

《人體素描》
史丹・普洛柯本克

工具：石墨鉛筆和炭筆

A「這一幅石墨鉛筆畫是現場人體素描，一個姿勢持續三小時，總共十五個小時。我之所以使用如此長的作畫時間，是因為在短時間的姿勢裡通常沒機會研究微小的細節。這個機會讓我慢下腳步，細細觀察。

軀幹有幾塊形狀重複的肌肉：腹直肌、腹斜肌、鋸肌。我們一般會傾向於將它們畫的一模一樣。我試著藉由添加多樣性，畫出比較有趣的形狀、明暗度、還有邊緣線。」

B「這幅是總共花了六個小時完成的炭筆畫。這堂課的目標是用具有風格的線條表現陰影。我選擇使用絕大多數為中間調性，像墨水的線條來畫。我認為這樣能替畫作增添有趣的美感。

解剖結構的挑戰是安排比較小的骨骼、肌肉形體還有皮膚細節來表現這個姿勢的細微樣貌。由於這個姿勢很靜態，又是直立的，很容易就會畫得十分僵硬。我試著以比較誇張的手法表現手臂、手指、以及所有比較小的內部形狀的流動線條。」

216

A

B

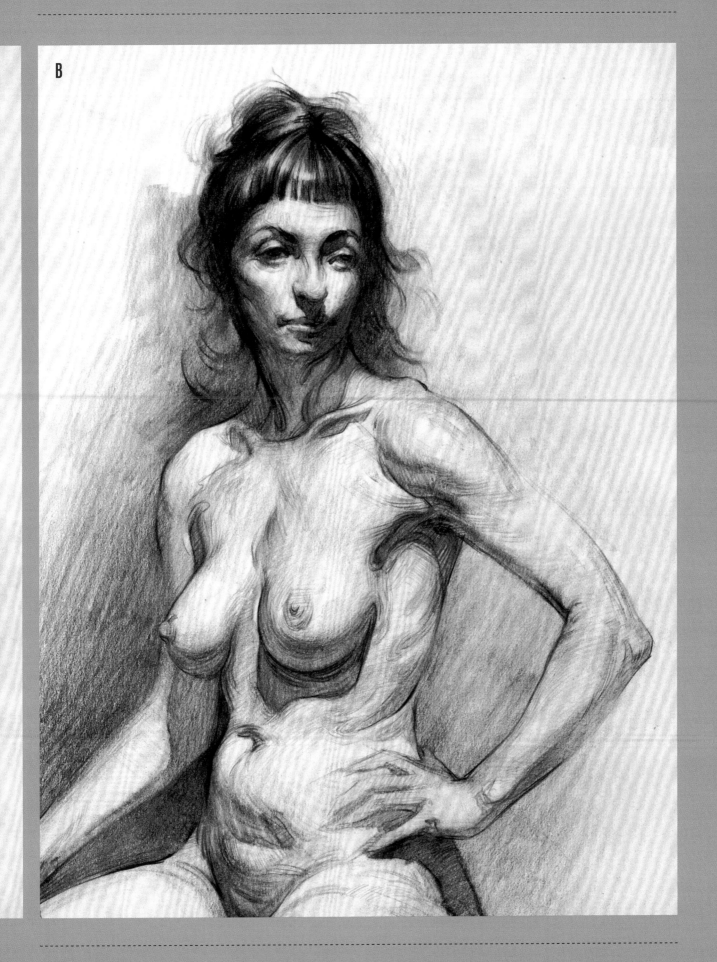

C「畫這一張的時間比前兩張短，用了兩個半小時。在這麼短的時間裡，我的目標是先捕捉到姿勢的樣貌，然後加上形體和解剖構造，再快速地重點式加上寫實的陰影，抓到光線在解剖形體上的效果。

在畫這種瘦削的模特兒時，必須選擇哪些細節必須放棄，哪些則必須簡化，才能創造出具有清楚視覺焦點的人體。我選擇用很多小的中間調形狀和對比，在軀幹和臉孔加上很多訊息。」

D「這幅畫是為了我的網路解剖繪畫課程所做的示範。我想要使用一個能夠清楚呈現軀幹形體的姿勢。最有挑戰性的部分是捕捉腋肢窩的樣貌，將那個區域的肌肉正確描繪出來。

當我在畫這一類耗時比較久的解剖構造時，我會先用描出輪廓的方式研究這個姿勢的解剖原理。我會想像在皮膚下面的構造，確保我先了解每塊形體，才開始動手正式描繪。

這個做法對於釐清腋肢窩、二頭肌、三頭肌、喙肱肌、胸大肌、大圓肌、闊背肌、鋸肌、和身體中央一群神經血管區域特別有用。你可以參見我在YouTube頻道的課程《如何畫人的軀幹以及添加陰影 How to Draw and Shade the Human Torso》。」

E「在這幅畫裡，我的目標是以富有韻律的流動感貫穿這個優美的姿勢中的軀幹、手、頭髮、脖子。在建構立體感的同時，又不至於太過強調解剖細節，保持人物的年輕感。

我將具有肌肉的部位保持柔軟，並且大部分是渾圓的型態，但是又和明顯的骨頭尖端形成對比。這樣能為人體增添結構。在這個姿勢裡，膝蓋是極度彎曲的姿勢也呈現了簡單平整的股骨底部平面，以及沿著髕骨的銳利邊緣。」

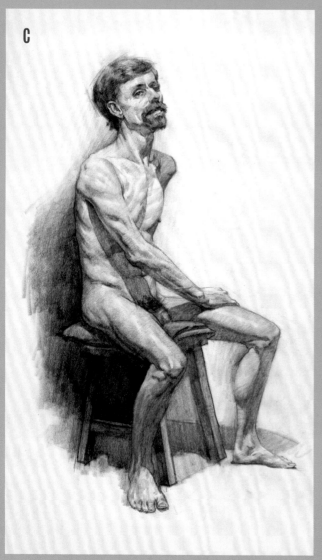

E

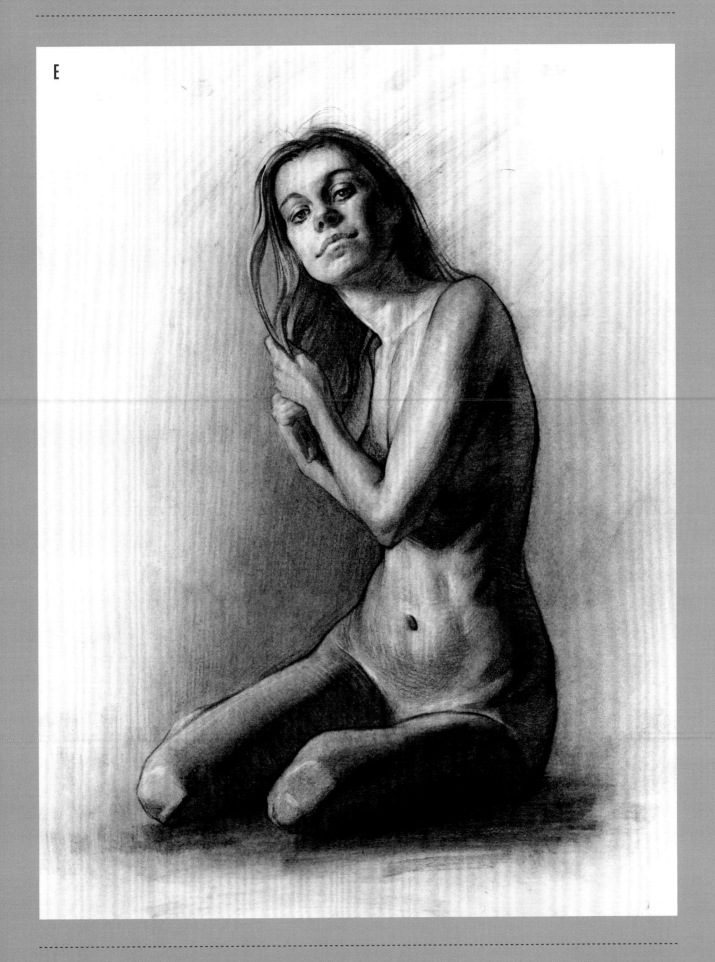

手臂

我們已經了解軀幹了，讓我們來探索四肢，從手臂開始。這個單元會幫你真正看見皮膚下的肌肉形狀，進而想像它們如何在做某些動作時放鬆或收緊。了解肌肉構造是很重要的，因為人體輪廓和包裹肌肉的皮膚會隨著肌肉動作變化。知道如何有效地描繪這些原理，能幫助你創造具真實感的人體。

手臂正面

三角肌

圖 55 是從正面看放鬆的手臂。在手臂上向上方延伸的主要肌肉叫做**三角肌**，分成三個區位，又稱「肌束」。從這個視角看手臂，你只能看見三角肌的第一條肌束和部分第二條肌束。

二頭肌

再下來一塊肌肉叫**二頭肌**，蓋在於接下來與肱骨相連的**肱肌**上。連在肱骨背後的是**三頭肌**。

前臂肌肉

前臂由**肱橈肌、前旋肌、屈肌、伸肌**組成。從這個角度只看得見肱橈肌、前旋肌、屈肌。請注意肱橈肌的起始端位於上臂的肱肌和三頭肌之間。

前旋肌和肱橈肌是能將手臂向前後旋動的肌肉，如**圖 56** 所示。我們很難在前臂的旋轉動作中追蹤肌肉動作，在畫人體素描或依靠參考資料描繪時不容易釐清細節。**圖 57** 呈現的是已經完成內轉動作的前臂，所以拇指會向內朝著身體。從這個視角，我們可以看見肱橈肌環著前臂向下拉，伸肌則轉向前方。

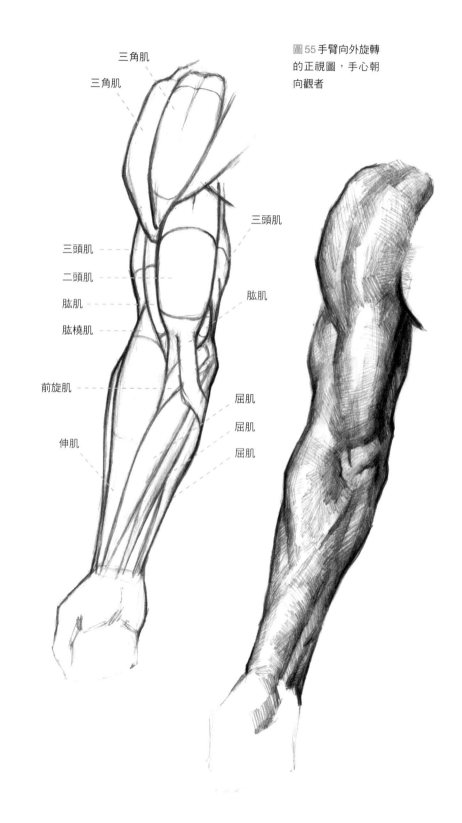

三角肌
三角肌
三角肌

圖 55 手臂向外旋轉的正視圖，手心朝向觀者

三頭肌
二頭肌
肱肌
肱橈肌
前旋肌
伸肌

三頭肌
肱肌
屈肌
屈肌
屈肌

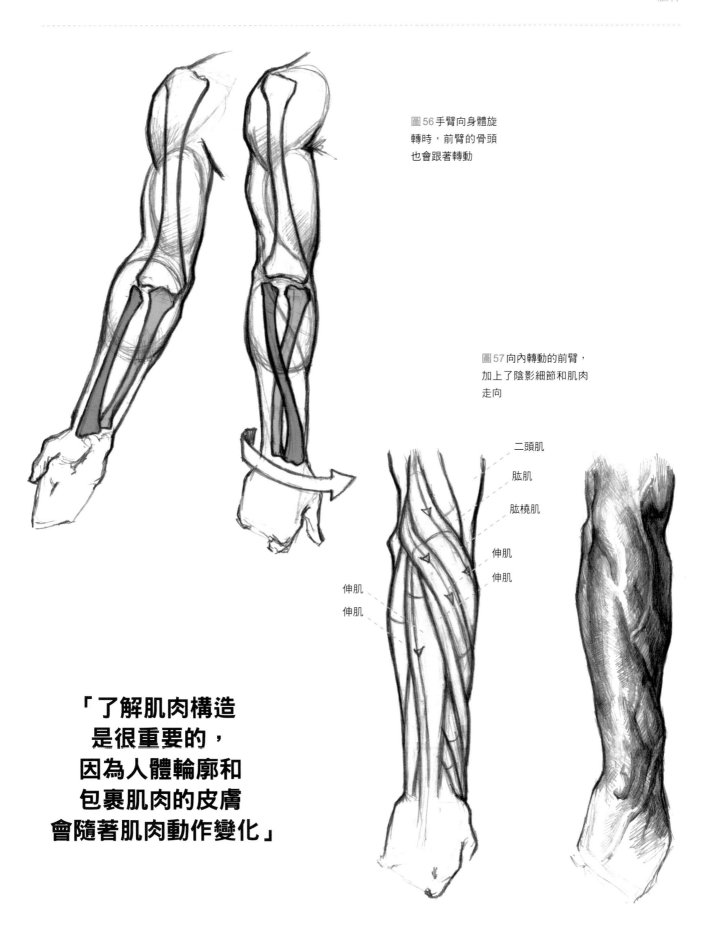

圖56手臂向身體旋
轉時，前臂的骨頭
也會跟著轉動

圖57向內轉動的前臂，
加上了陰影細節和肌肉
走向

二頭肌

肱肌

肱橈肌

伸肌

伸肌

伸肌

伸肌

「了解肌肉構造
是很重要的，
因為人體輪廓和
包裹肌肉的皮膚
會隨著肌肉動作變化」

手臂背部

為了更了解肌肉網絡，**圖 58** 呈現的是手臂背部，手腕旋轉之後，手心向後朝向觀者。從這個角度，我們可以看見三角肌的第三條肌束和部分第二條肌束，還有三頭肌的三條肌束。在前臂，只看得見一小部分肱橈肌，以及部分伸肌和屈肌。

圖 59 顯示前臂向外旋轉，手掌背朝向觀者。由於在這個姿勢中的前臂骨頭不會重疊，所以我們能看見全部的伸肌，轉動之後的屈肌則變得不可見，如**圖 60** 所示。

請注意不同姿勢的輪廓變化。在第一個比較放鬆的姿勢裡，可以看見手腕側邊，顯得比較細。隨著前臂的轉動，能看到比較寬的手腕背部，而且當手臂轉動時，肌肉也跟著移動位置。

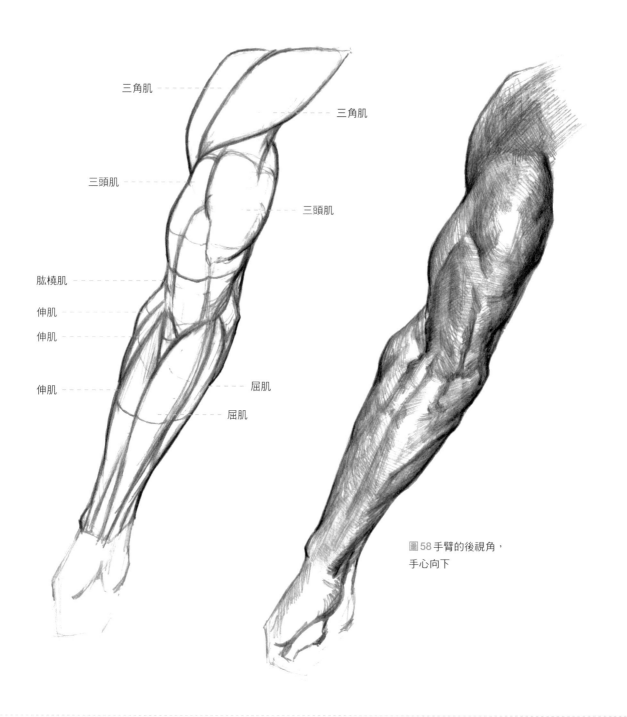

三角肌

三角肌

三頭肌

三頭肌

肱橈肌

伸肌

伸肌

伸肌

屈肌

屈肌

圖 58 手臂的後視角，手心向下

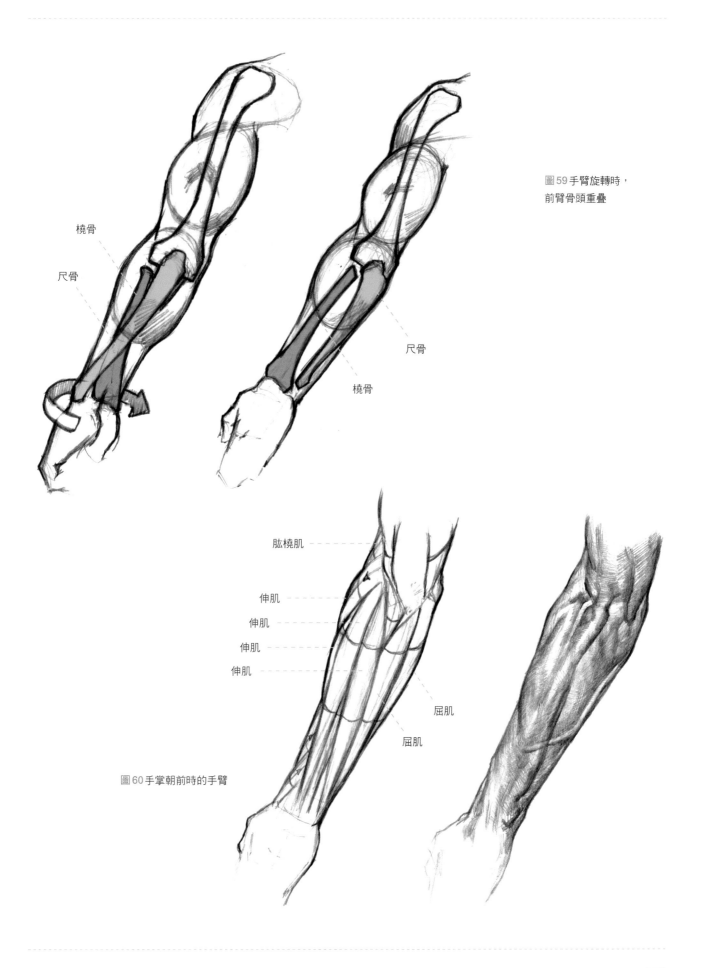

橈骨

尺骨

圖59 手臂旋轉時，
前臂骨頭重疊

尺骨

橈骨

肱橈肌

伸肌

伸肌

伸肌

伸肌

屈肌

屈肌

圖60 手掌朝前時的手臂

屈起的二頭肌

現在我們已經建構好基本的手臂肌肉結構了，可以開始擺出姿勢，更近距離地觀察肌肉鼓起或鬆弛的狀態。放鬆時，所有的肌肉都相對扁平，可是當舉起手臂或握拳時，手臂的形狀就會有所變化。

屈起的二頭肌

圖61和**圖62**是二頭肌屈起時的手臂肌肉型態。最明顯的形狀變化發生在上臂，因為所有比較大的肌肉會開始變得明顯，鼓起之後向外突出。二頭肌會形成明顯的球狀，大幅改變上臂輪廓。三頭肌也會緊繃起來，可是變化程度不如二頭肌。手臂抬起時，下方的三頭肌會拉伸，但是仍然保有稍微突出的輪廓。

你必須確實捕捉到緊繃的肌肉之間比較深的溝紋，隨著模特兒的肌肉發達程度改變線條的銳利度，如**圖62**所示。注意前臂的肱橈肌被肱肌和伸肌擠壓之後向外推出，因而在手肘內面形成相當程度的隆起，呈現出骨頭的形狀（尺骨），使得手肘外側角形成尖端。緊繃的伸肌在扭轉過程中會被拉伸變薄，向手腕移動。

二頭肌和三頭肌

為了讓你更了解二頭肌和三頭肌的互動，**圖63**是以基本線圖描繪兩塊肌肉不同程度的屈起和伸展狀態。手臂伸直時，請注意二頭肌是平的，三頭肌則屈起。當二頭肌將前臂抬高時，它會屈起形成球狀，三頭肌轉而變平。第三幅畫裡是二頭肌肌腱和前臂骨頭連在一起，使前臂能上下動作。在屈起動作的某一個點上，這條肌鍵會在手臂上形成比較突出的輪廓。

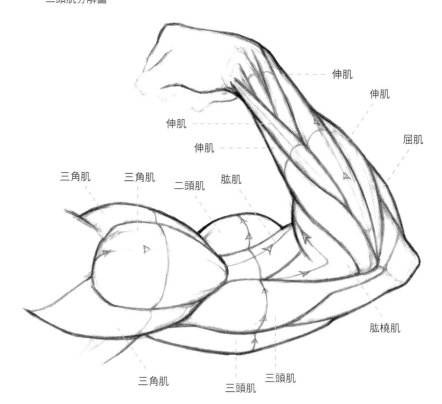

圖61 從後方看屈起的
二頭肌分解圖

伸肌

伸肌

伸肌

伸肌

屈肌

三角肌

三角肌

二頭肌

肱肌

肱橈肌

三角肌

三頭肌

三頭肌

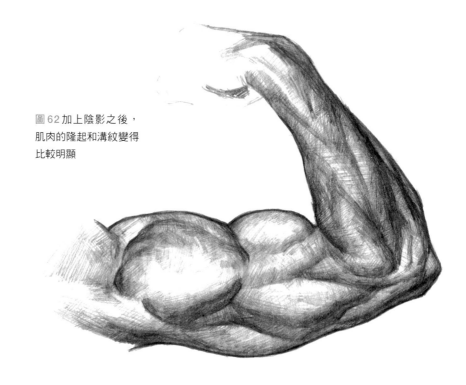

圖62 加上陰影之後，
肌肉的隆起和溝紋變得
比較明顯

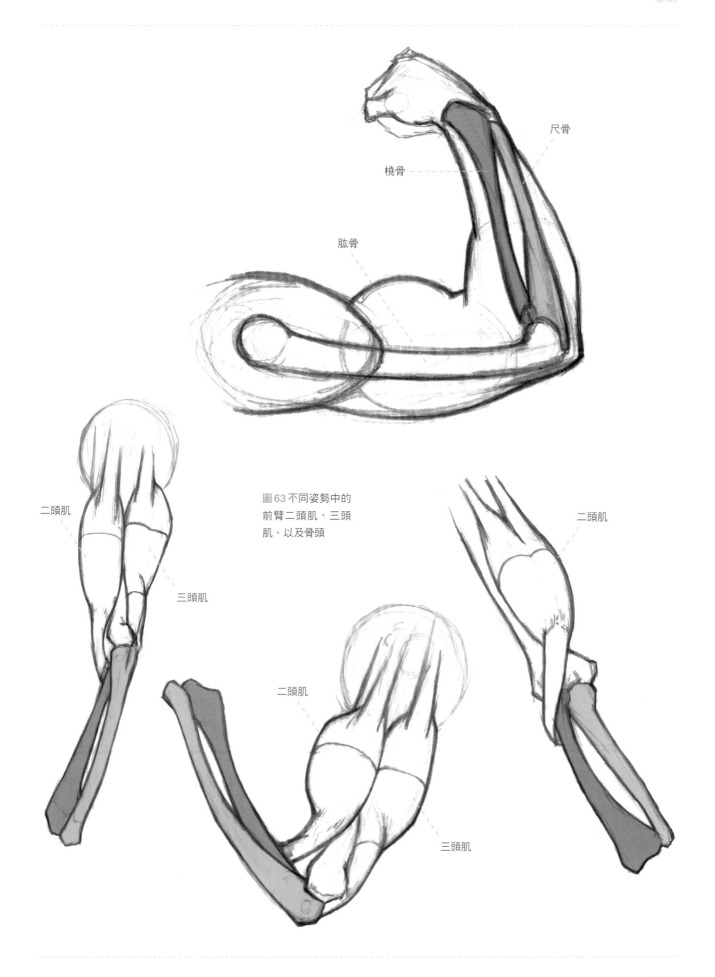

尺骨

橈骨

肱骨

二頭肌

三頭肌

圖63 不同姿勢中的
前臂二頭肌、三頭
肌、以及骨頭

二頭肌

二頭肌

三頭肌

抬起的手臂

圖64和**圖65**是手臂抬起，露出手臂下側的狀態。這裡最明顯的肌肉是前旋肌，因為它環包住手臂，與二頭肌／三頭肌區域連接。二頭肌和三頭肌清晰可見，同時還有接近胳肢窩的喙肱肌，它在前幾個姿勢裡是被遮蔽的；這三塊肌肉很容易分辨，因為它們在這個姿勢裡分別明顯地隆起。

尺骨再度變得可見，形成尖端，替手臂輪廓增添角度。從彎曲的手肘開始，我們可以注意到三個重要區塊：明顯的肱橈肌；前旋肌緊接在手肘彎折點形成很深的凹陷；屈肌在手肘轉變成手腕的手臂內側形成柔和的凹陷（**圖65**）。

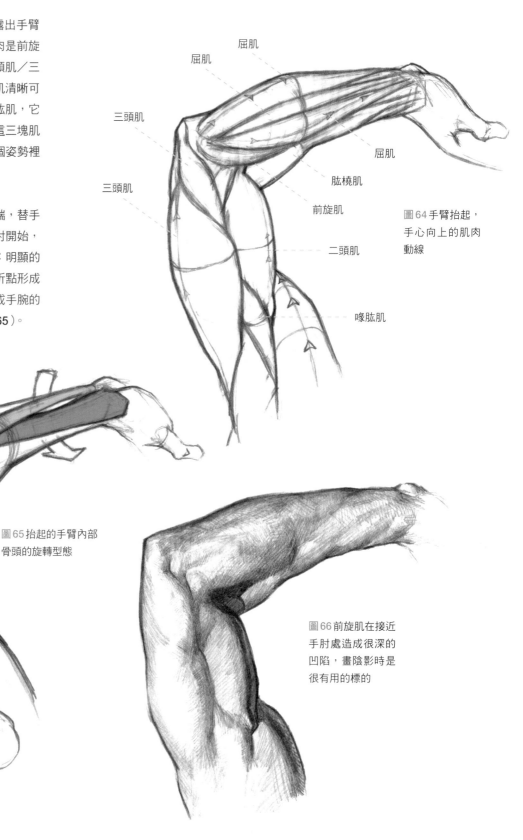

屈肌

屈肌

三頭肌

屈肌

肱橈肌

前旋肌

三頭肌

二頭肌

喙肱肌

圖64 手臂抬起，手心向上的肌肉動線

圖65 抬起的手臂內部骨頭的旋轉型態

圖66 前旋肌在接近手肘處造成很深的凹陷，畫陰影時是很有用的標的

麥特·史密斯繪圖

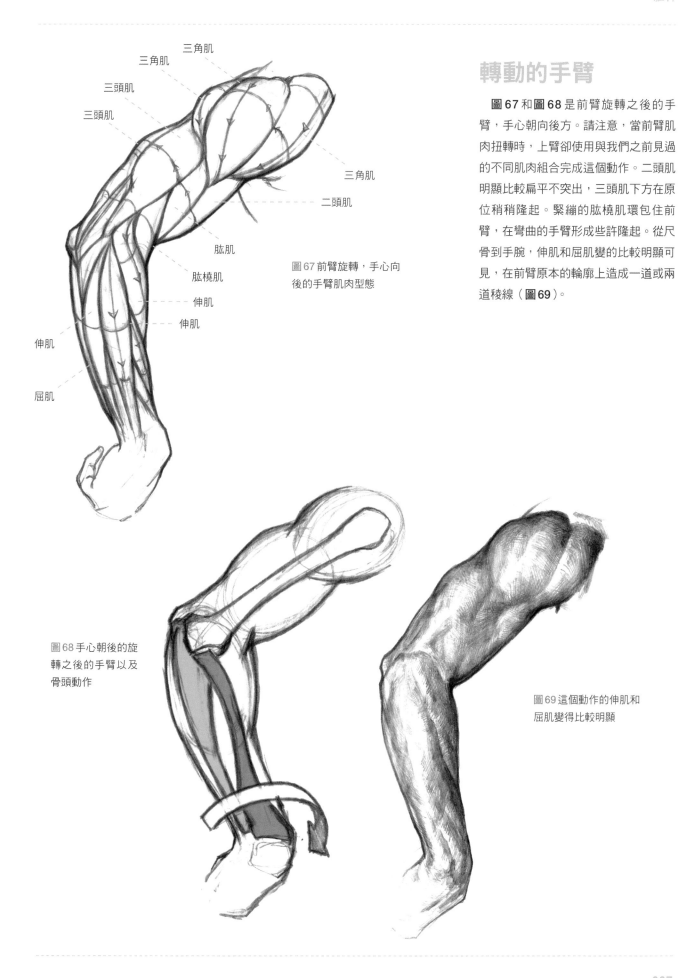

三角肌

三角肌

三頭肌

三頭肌

三角肌

二頭肌

肱肌

肱橈肌

伸肌

伸肌

伸肌

屈肌

圖67 前臂旋轉，手心向
後的手臂肌肉型態

轉動的手臂

圖67和**圖68**是前臂旋轉之後的手臂，手心朝向後方。請注意，當前臂肌肉扭轉時，上臂卻使用與我們之前見過的不同肌肉組合完成這個動作。二頭肌明顯比較扁平不突出，三頭肌下方在原位稍稍隆起。緊繃的肱橈肌環包住前臂，在彎曲的手臂形成些許隆起。從尺骨到手腕，伸肌和屈肌變的比較明顯可見，在前臂原本的輪廓上造成一道或兩道稜線（**圖69**）。

圖68 手心朝後的旋
轉之後的手臂以及
骨頭動作

圖69 這個動作的伸肌和
屈肌變得比較明顯

描繪姿勢

在畫手臂的時候，永遠先從簡單的姿勢著手。如此將能替你筆下的人體建立能量，避免畫作變得僵硬。以下這些素描根據我們已經研究過的細節，呈現一系列簡化的姿勢。在試著畫出類似的姿勢時，腦中要記得肌肉的形體和輪廓，就連在初始的韻律線條小圖也不例外。

向後彎曲手臂

圖70的姿勢是將手臂以簡單的C型曲線表現。如果手肘像這張圖一樣是可見的，你就必須先找出手臂的透視。結構線會跟著手肘的透視，所以釐清你要畫的角度是很重要的。結構和形體線條就會自然隨之出現。

從背後看伸直的手臂

圖71是朝斜角伸直的手臂姿勢。回到原位的手肘看起來不明顯。在這個姿勢裡，請觀察手腕的盒狀結構，藉此找到手臂的透視型態。

從前面看伸直的手臂

圖72呈現手臂的柔和彎曲。手肘位在手臂後方，所以應該藉著手腕找出正確的透視。你會發現當手臂的某些部位越接近觀者的眼睛高度時，透視收縮效果就會越明顯；要注意比例變化，並且確實呈現在畫作裡。

抬起彎曲的手臂

在最後兩個姿勢裡（圖73和圖74），手臂的彎折角度很小。手肘在這兩個姿勢更明顯，更強調出手臂的尖銳角度。姿勢圖裡都有三道C型曲線：一道建立手臂內部的彎折型態，兩道建立手臂外部的彎折型態（手肘面）。在以韻律線條畫好姿勢圖之後，下一步就是找到手肘和手腕的透視，然後加上結構線，釐清肌肉和輪廓。

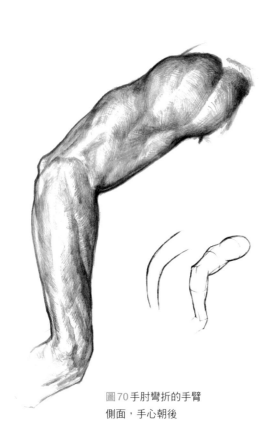

圖70手肘彎折的手臂
側面，手心朝後

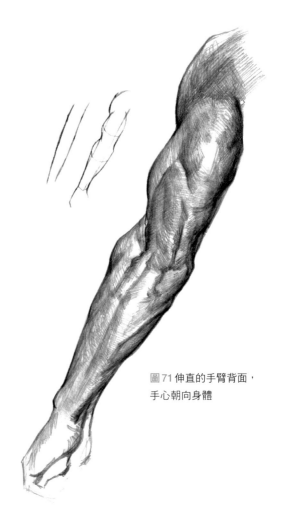

圖71伸直的手臂背面，
手心朝向身體

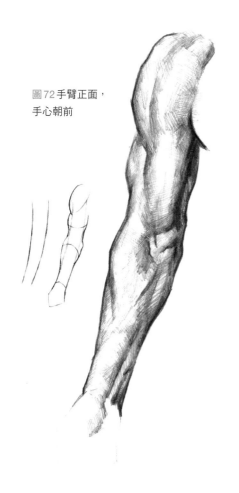

圖72手臂正面，
手心朝前

圖73手臂彎折抬起，
手心朝後

圖74手臂屈起，
手掌彎向下方

「在試著畫出類
似的姿勢時，腦
中要記得肌肉的
形體和輪廓」

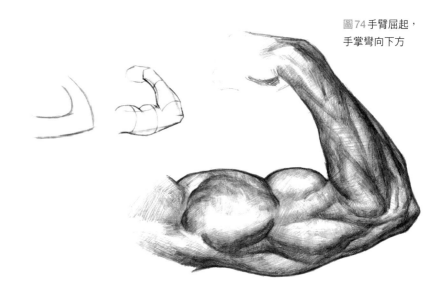

人體素描

查理．畢卡

工具：炭筆和油彩

A「畫這幅畫的時候，絕大部分的挑戰來自於模特兒的體型，他的表面形體被比較多的脂肪層覆蓋住。我花了比較多精神在正確地表現出人體一定會有的結構元素。」

B「這幅畫的模特兒格外纖瘦，給我很多探索表面骨感標的的機會。最主要的挑戰是：在表現這些骨感特徵時也同時保持模特兒的女性特質。選擇強調哪些特徵和放棄另一些特徵是主要的考量；如果用暗示手法而不是直接強調出來，往往會使觀者對畫作更感興趣。」

C「這幅傳統的學院式人體習作是根據實際模特兒所畫的，目的在運用悅目的畫法創造出酷似模特兒本人的肖像。主要的挑戰是表現背部，因為背部是人體繪畫中出了名難畫的部分。為了畫好這樣的主題，我總是會先仔細觀察骨感的身體代表。」

D「這是另一幅傳統學院式人體畫，重點在於運用悅目的畫法精確捕捉模特兒的樣貌。在這個姿勢裡，我特別花了功夫表現胸腔肋骨的飽滿度，因為它是藏在手臂後面的。你對人體必須很了解，才能將肉眼看不見的部分視覺化。用這個方式思考形體，是每個畫家的aramount。」

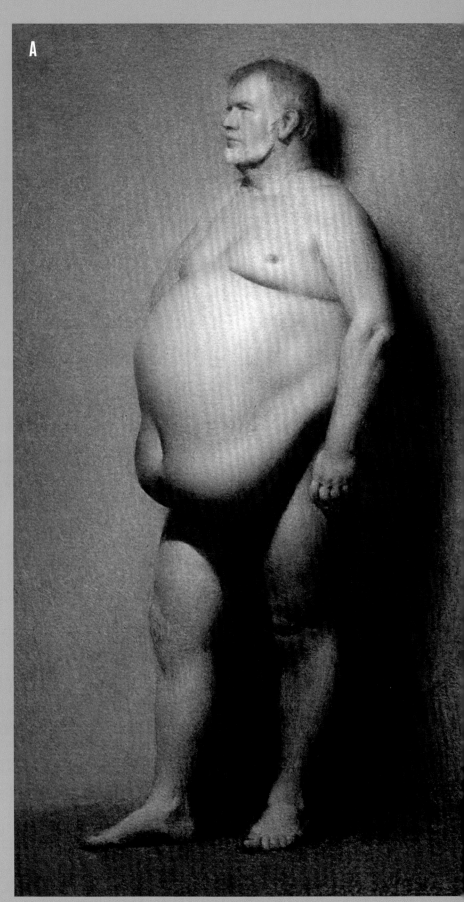

A

B
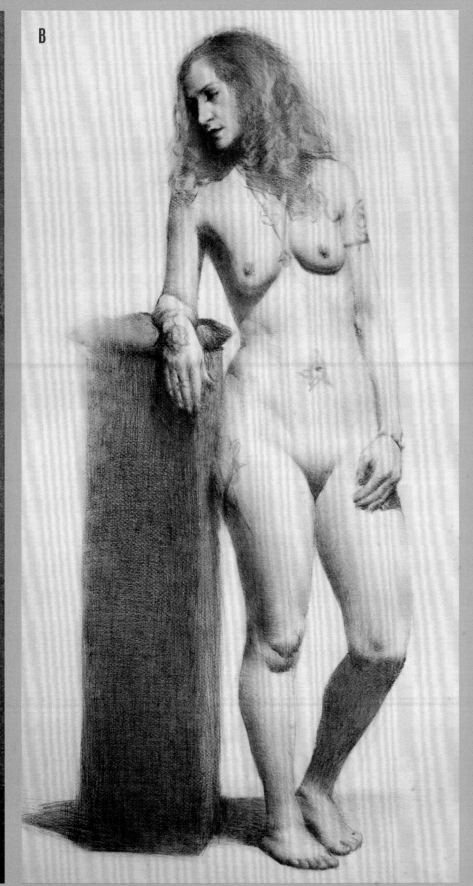

C

D

E「這幅肖像是用 alla prima 直接畫法手法繪製的,也就是以濕中濕方法快速繪製而成。我對於後腦側的這種角度產生的神祕感很有興趣。我想捕捉模特兒的個性,卻不是透過傳統的肖像姿勢。

這幅畫的主要挑戰是傳達出頭部的寫實感,但不使用傳統的肖像標的(比如臉孔中線和眉骨)。幫助我掌握模特兒特徵的是耳朵和眉骨之間的關係,並且仔細觀察顴骨。」

F「這一幅是學院式灰階人體習作,只參考了實際模特兒。除了捕捉模特兒的相似度之外,這幅畫的主要目標是使用明暗度創造形體——這是所有繪畫的核心元素。

模特兒有著運動員的體型,在表現各種細微的次要形體時特別有挑戰性。許多時候,我們會過分強調這些形體,使整體看起來過於紛亂破碎。要掌握這一點,就要將大面積的形體列為優先重點。」

G「這是用直接畫法和灰階表現的人體。我對畫面中姿勢的韻律特別有興趣。頭和軀幹的透視收縮現象是最大的挑戰;格外花心思處理不同形體重疊連接的樣貌,會對在這種畫面裡表現出的形體飽滿度有很大的幫助」

G

手

如同畫任何東西，手的結構畫起來也許很複雜，但是也能被簡化成容易理解的形體。在這個單元，我們會探討如何處理手部具挑戰性的解剖構造，並且看看一些寫實的姿勢。

手指

首先，我們來看手指的解剖構造。如同**圖75**描繪的，你可以將手指視為具圓角的管狀形體，或是細長的盒狀。永遠從簡單基本的形體開始，不要被手指的複雜特徵分心。微小的細節可以在基本形體建立好之後再加上去。**圖76**是皮膚下的骨頭和關節位置。

手背

圖77裡是手的背部，以基本幾何形狀表現。你可以看到，手部結構能被簡化成概略的盒子形狀，但是手背表面具有微微的弧度，中指關節是弧度頂點。

在加上了陰影的手上（**圖78**），鉛筆線條從小指向中指橫向劃過。但是中指到拇指的鉛筆線條卻改變方向，跟著皮膚下的形體走。你可以利用這樣的結構線和陰影線條，來暗示皮膚下細微的肌肉和骨骼變化。

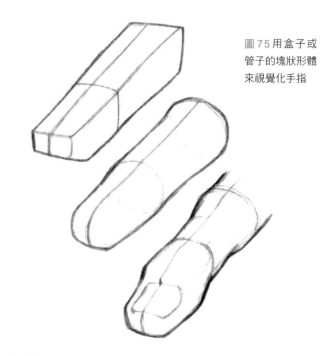

圖75用盒子或管子的塊狀形體來視覺化手指

圖76皮膚下的骨頭創造出關節段落

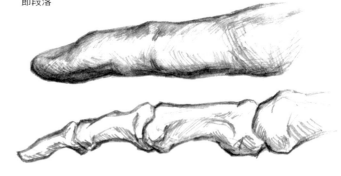

圖77手背能以稍微具有弧度的塊狀體視覺化

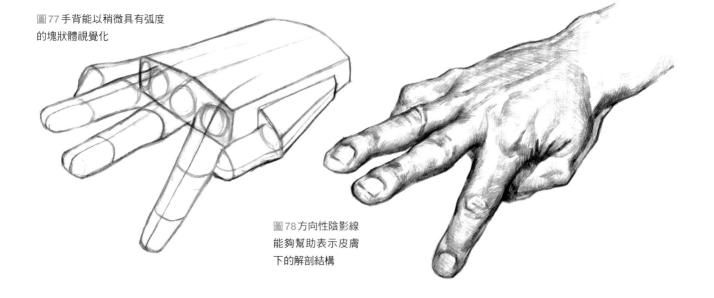

圖78方向性陰影線能夠幫助表示皮膚下的解剖結構

手心

畫手心時，也可以使用盒子形狀來簡化，可是你必須留意，手心的高低起伏比較明顯。**圖79**是手心朝上的手。在這個角度，手心的肌肉隆起是用盒狀突起表現的。連接拇指的大塊肌肉幾乎是端正地附在手心上。**圖80**比較靈活的結構方法讓我們看見如何將這些盒狀結構變得圓滑，描繪出更有肌肉感、更像人體的感覺。

在替手部加上陰影的時候，你要同時思考圓圈和盒子。要簡化手，就以盒子來詮釋，用直線拉出形體。在進一步表現複雜的細節時，就用比較靈活的畫法，讓筆觸包裹形體。在**圖81**裡的手表示筆觸應該配合結構線，有時順向有時逆向，才能寫實地表現皮膚隨著被包裹的肌肉和骨骼被拉伸的樣貌。

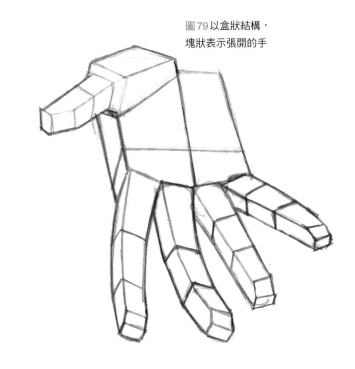

圖79以盒狀結構，塊狀表示張開的手

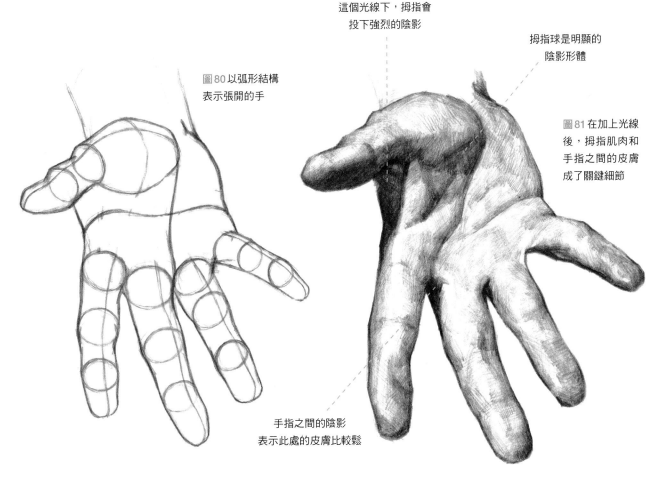

圖80以弧形結構表示張開的手

這個光線下，拇指會投下強烈的陰影

拇指球是明顯的陰影形體

圖81在加上光線後，拇指肌肉和手指之間的皮膚成了關鍵細節

手指之間的陰影表示此處的皮膚比較鬆

描繪肌腱

圖 82 是肌腱從前臂延伸下來之後，分散進入手部的樣子。當手出於極端的情緒而拱起，或是皮膚被拉伸時（如老年人的皮膚），這些肌腱就會明顯突出，關節也會隆起。要確保你抓住這些隆起的程度，因為當你想透過人物的手傳達情緒或個性時，這些特徵會造成非常大的衝擊性。

圖 83 以基本的輪廓線，而不是塊狀結構表現手部。你可以從這裡開始加入肌腱，描繪被肌腱線條分隔成區塊的手（**圖 84**）。許多畫家喜歡在每一個形狀中央加上中線，在這張圖裡的中線是順著每一根手指，增添立體感，並幫助了解繪畫主題的形體。

完成的手（**圖 85**）表現出肌腱被融入手部皮膚肌理的效果。在食指上，你可以看見物體的結構中線能幫助我們描繪肌腱和指節之間的凹溝。

有韻律的線條

畫手的時候，有韻律的線條是很有價值的技巧。下面兩張圖示範了如何使用韻律線條畫出富有能量的手。韻律線條是在畫作中創造流動感的方式，在一個姿勢變換成新姿勢時保持正確的結構比例。當你想畫出指節之間的骨頭長度時特別重要，能對手部寫實感造成巨大的影響。

畫畫時，你可以發明各種韻律線條，可是若在畫手的時候跟隨著關節線，永遠會有很好的效果。譬如這裡的第二張圖中，關節的韻律線平順地進入拇指，能夠幫助決定拇指的長度和方向。

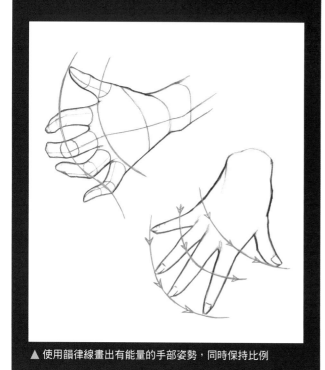

▲ 使用韻律線畫出有能量的手部姿勢，同時保持比例

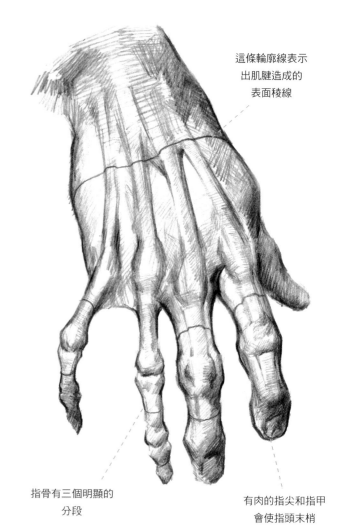

圖 82 依據手的姿勢，肌腱會是明顯的特徵

這條輪廓線表示出肌腱造成的表面稜線

指骨有三個明顯的分段

有肉的指尖和指甲會使指頭末梢顯得方正

麥特・史密斯繪圖

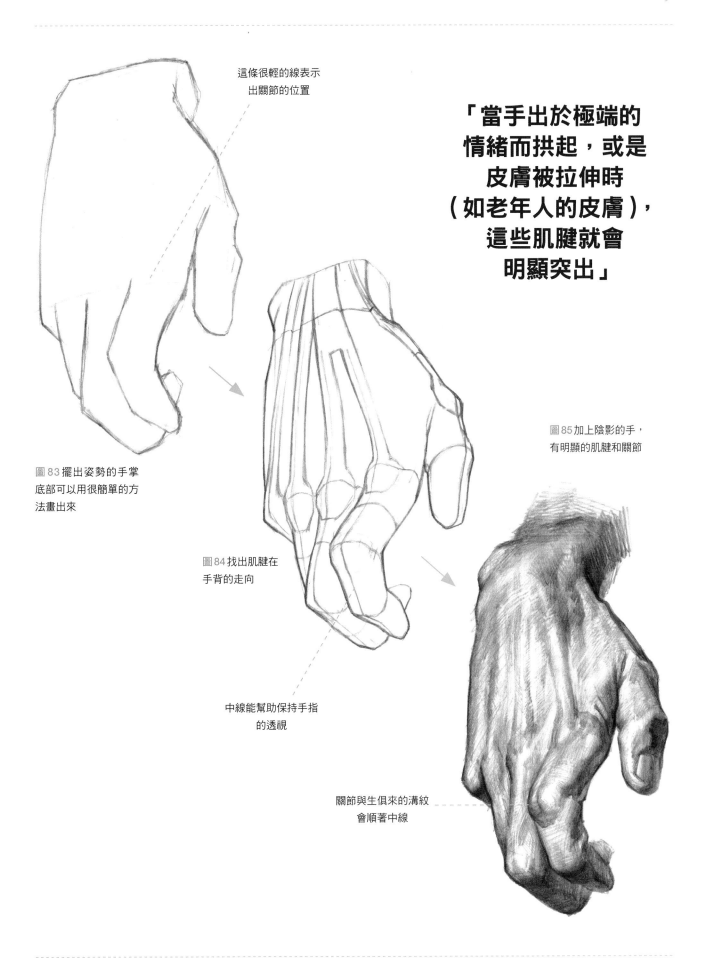

這條很輕的線表示
出關節的位置

**「當手出於極端的
情緒而拱起，或是
皮膚被拉伸時
（如老年人的皮膚），
這些肌腱就會
明顯突出」**

圖85加上陰影的手，
有明顯的肌腱和關節

圖83擺出姿勢的手掌
底部可以用很簡單的方
法畫出來

圖84找出肌腱在
手背的走向

中線能幫助保持手指
的透視

關節與生俱來的溝紋
會順著中線

237

創造各種手部姿勢

同樣的建構原則能用在絕大部分的手上，但是在畫女性的手時，你應該使用比較柔和的特徵。腦中要記得優雅和簡單，如**圖86**所示。畫男性的手，可以稍微誇大關節，使手指看起來更有肌肉；若降低這些特徵的視覺效果，就能創造出比較女性化的樣貌。

用各種形體練習畫手是很重要的，盡量描繪出肌肉形成的隆起和肌腱形成的稜線，如**圖87**所示。如此能幫助你了解手部的各種特徵位置，進而為任何個性或體型創造出寫實、比例正確的結果。請注意，就連陰影表現最少的手，也應該有實在的立體感。有一個方法能夠讓你檢查自己對形體的了解有多少：畫出基本的線圖，看看它是否仍然具有立體感。

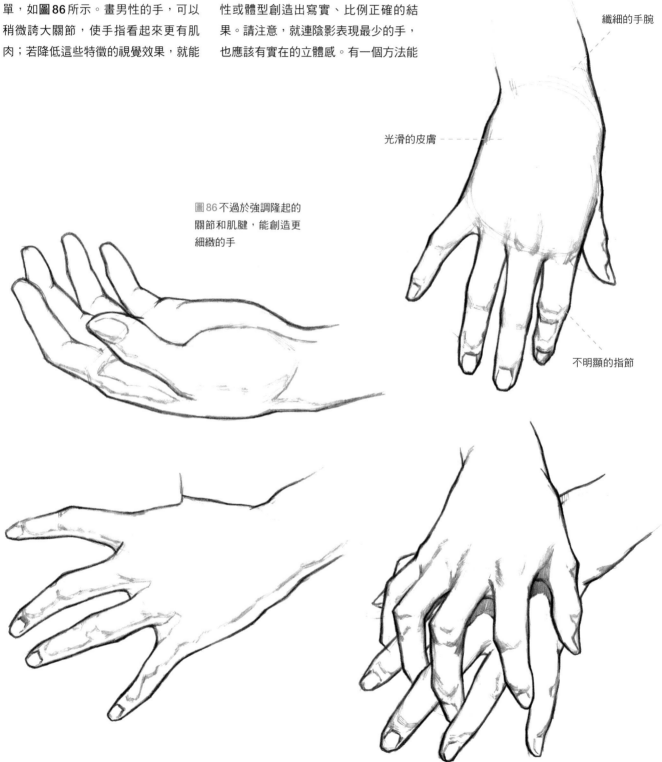

纖細的手腕

光滑的皮膚

圖86 不過於強調隆起的關節和肌腱，能創造更細緻的手

不明顯的指節

麥特・史密斯繪圖

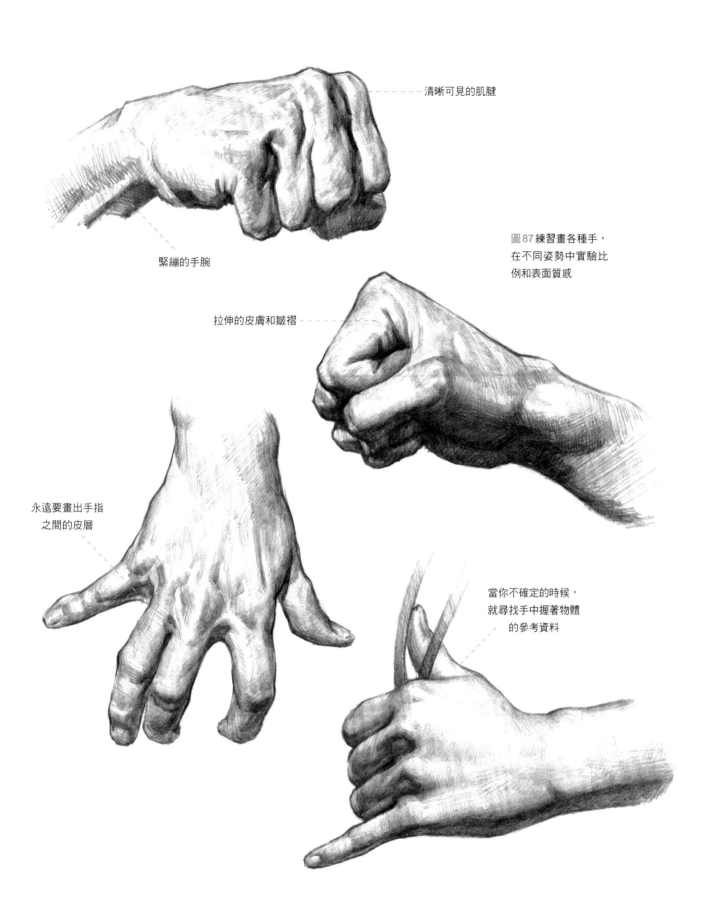

清晰可見的肌腱

緊繃的手腕

圖87 練習畫各種手，
在不同姿勢中實驗比
例和表面質感

拉伸的皮膚和皺褶

永遠要畫出手指
之間的皮層

當你不確定的時候，
就尋找手中握著物體
的參考資料

腿

在這個單元，我們會深入探討腿部各個部位的肌肉結構。腿有最大量的肌肉，這些肌肉和腿的輪廓及形狀有直接關係，所以了解皮膚下的肌肉彼此之間如何連結是很重要的。

大腿

大腿有幾個明顯的大塊肌肉和肌肉帶，我們會從大腿頂端一路分解到膝蓋。

大腿頂端

圖88 是一整條腿的正面視圖。從大腿頂端，你可以看見**縫匠肌**、**括筋膜張肌**、以及一部分**臀中肌**。縫匠肌連結到髖骨，環包住大腿頂部之後向下包住大腿內部，最後在**腓腸肌**上方與小腿頂端連結。這塊肌肉在加上陰影之後（**圖89**）特別明顯，是一塊環繞大腿的長型管狀隆起。

闊筋膜張肌的形狀類似縫匠肌；它始自髖骨，覆蓋住大腿頂端外側。在加上陰影的版本中，這條肌肉隱藏在它下方更大的肌肉陰影裡，但是仍然看得出來它和鄰近肌肉之間淺淺的凹陷。

大腿內側

大腿內側接下來的三條肌肉是**髂腰肌**、**內收長肌**、**股薄肌**。髂腰肌和內收長肌連到骨盆，進入腿部外側肌肉之下，不如其他肌肉明顯易見。股薄肌始自大腿內側的骨盆，與縫匠肌連結。

膝蓋上方的肌肉

大腿最後三塊肌肉是**外股肌**、**股直肌**、**內股肌**。外股肌是形成大部分腿部外側形狀的肌肉。在**圖89**裡，你可以看見它在膝蓋上方隆起之後漸漸變細，進入大腿上方肌肉之下。用陰影和鉛筆線條創造出隆起部分的結實感很重要，能讓你筆下的人體顯得更真實。

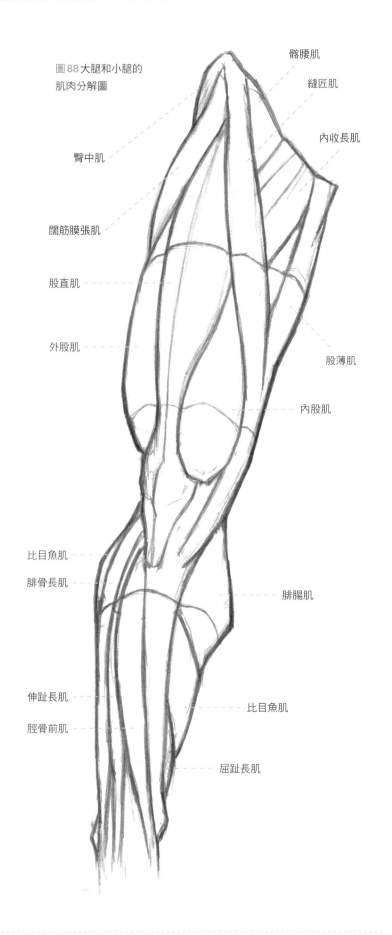

圖88 大腿和小腿的肌肉分解圖

臀中肌

闊筋膜張肌

股直肌

外股肌

比目魚肌

腓骨長肌

伸趾長肌

脛骨前肌

髂腰肌

縫匠肌

內收長肌

股薄肌

內股肌

腓腸肌

比目魚肌

屈趾長肌

All images by Matt Smith

圖89 在這張圖裡，皮膚下的外股肌和內股肌以及腓腸肌仍然很顯眼

股直肌是始自膝蓋，覆蓋大腿前方的主要肌肉，最後連到骨盆。它的中央有一條分際線，看起來像是兩塊肌肉。如果你仔細看**圖89**，就能看見這條淺淺的分際線是比較深的鉛筆線條畫上去的。**內股肌**嵌在股直肌和縫匠肌之間，在膝蓋上方形成水滴型隆起。

小腿

小腿的肌肉量和特徵比較少，可是對於描繪小腿的獨特形狀很重要。

小腿外側

從**圖88**的小腿外側開始，我們可以看到**比目魚肌**、**腓骨長肌**、**伸趾長肌**、**脛骨前肌**。除了比目魚肌之外，這些肌肉都是比較直向的，連結脛骨大頭，向下穿過小腿，最後連到腳。比目魚肌始自小腿後方，向前環繞包覆，所以從前後兩側都看得見。這些肌肉結合起來，在小腿外側形成光滑的圓柱狀輪廓。

小腿內側

小腿內側是腓腸肌、比目魚肌、以及屈趾長肌。腓腸肌只有部分可見，因為它包覆的是小腿後方，但是仍然在小腿形成明顯的隆起（**圖89**）。屈趾長肌位於比目魚肌之下，包裹住腳踝。

腿部內側

伸展的腿

圖90讓我們以比較好的角度觀察稍微伸展的腿部姿勢。一個必須留意的重點就是肌肉環包住腿骨的型態。

圖91是簡化版本的腿，呈現腿骨的位置。由於腿部肌肉的尺寸和位置，這些皮膚下的骨頭不太可能很明顯——除了膝蓋——但是知道它們的頭尾位置還是很有用的，能幫助你正確畫出腿部關節的位置。

與手臂不同的是，伸展的腿並沒有旋轉或糾結的肌肉，所以肌肉結構比較清晰易懂。因此伸展的腿部陰影相形容易畫（圖92）。

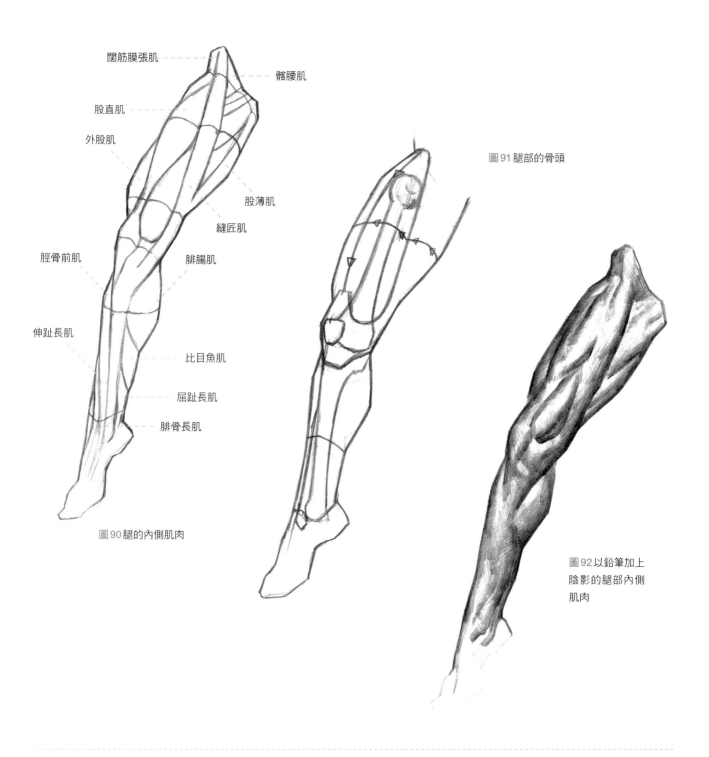

闊筋膜張肌

髂腰肌

股直肌

外股肌

股薄肌

縫匠肌

脛骨前肌

腓腸肌

伸趾長肌

比目魚肌

屈趾長肌

腓骨長肌

圖90腿的內側肌肉

圖91腿部的骨頭

圖92以鉛筆加上陰影的腿部內側肌肉

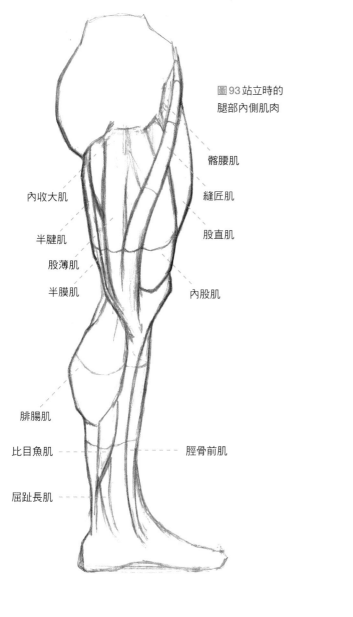

圖93站立時的
腿部內側肌肉

髂腰肌

縫匠肌

股直肌

內收大肌

半腱肌

股薄肌

半膜肌

內股肌

腓腸肌

比目魚肌

脛骨前肌

屈趾長肌

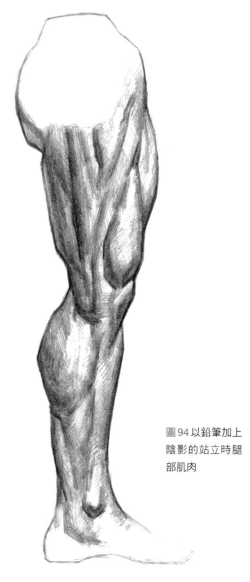

圖94 以鉛筆加上
陰影的站立時腿
部肌肉

站立時的腿

圖93是腳平踩在地面時的腿部內側視圖。從這個角度，我們可以看見許多正面的肌肉。腿部上方後側能看見新的肌肉：**半腱肌、半膜肌、內收大肌**。內收大肌是一塊小的楔形肌肉，與臀中肌（臀肉）下方相連，越往下越細，嵌在

股薄肌和半膜肌之間。半膜肌從半腱肌下方出現，連到腿部正面內側，股薄肌與縫匠肌連結的地方。

縫匠肌始於大腿頂端外側，向下環繞到腿部內側。畫腿的時候，這條肌肉能夠用來畫出優美的韻律線條，所以你必須記得線條要有流動感（**圖94**）。

小腿上看不見新的肌肉。你可以在**圖94**裡看見前一張圖裡有的脛骨前肌、比目魚肌、腓腸肌，並且能更看清楚腓腸肌的雙頭形狀。請注意角度不同的時候，肌肉形狀也會隨之改變；在側面圖裡，肌肉的隆起很明顯，但是從正面看的時候，肌肉就比較不立體，而且變得平滑。

腿部後視圖

大腿背部

讓我們繞到腿的另一邊，**圖95**是微彎的腿部後視圖。我們看見**臀大肌**、**臀中肌**、**半腱肌**、還有一條新的**股二頭肌**。股二頭肌環繞住腓腸肌，與脛骨頭連結。

在大腿外部，我們可以在股二頭肌上方看見**外股肌**。股二頭肌向腿部前方向上環包，你可以在**第242頁**看見這兩塊分開的肌肉。

小腿背部

我們現在可以清楚看見小腿的腓腸肌了。請注意，這塊肌肉有兩個分開的頭，雖然形狀很類似，內部肌肉卻比較大，往腿部下方延伸的範圍更長。**圖96**表示簡化之後的兩半肌肉在大腿肌肉下方連結，形成明顯的方塊形狀，在最後的鉛筆素描中很明顯（**圖97**）。

最後，腿的最底端，你可以看見比目魚肌從腓腸肌延伸出來，向下漸漸變細，進入小腿後方的腳跟。

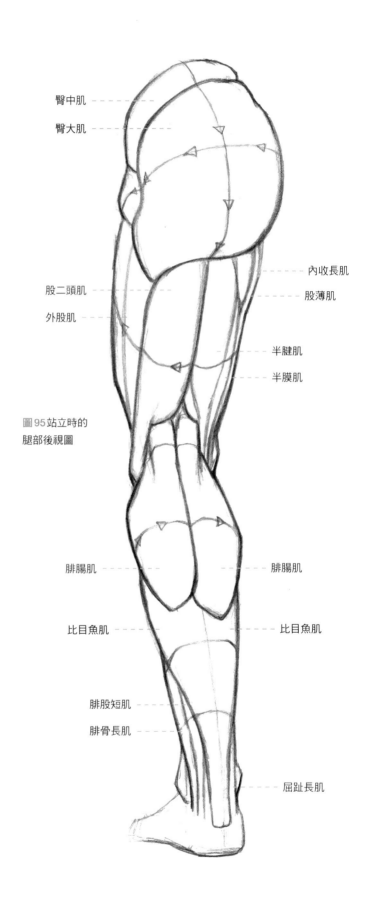

臀中肌
臀大肌
內收長肌
股薄肌
股二頭肌
外股肌
半腱肌
半膜肌

圖95站立時的腿部後視圖

腓腸肌 — 腓腸肌
比目魚肌 — 比目魚肌
腓股短肌
腓骨長肌
屈趾長肌

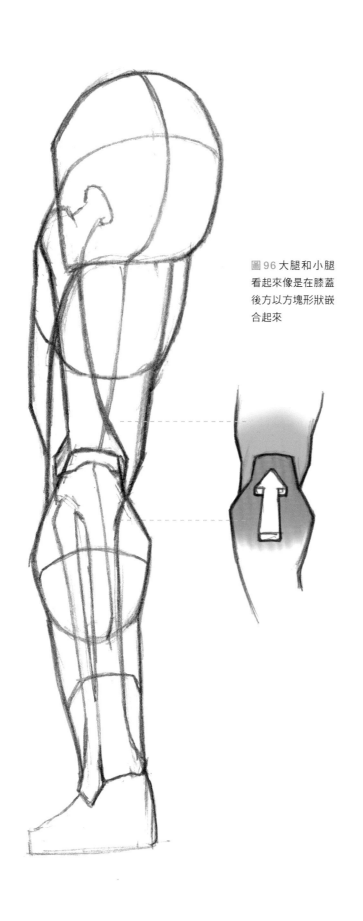

圖96 大腿和小腿
看起來像是在膝蓋
後方以方塊形狀嵌
合起來

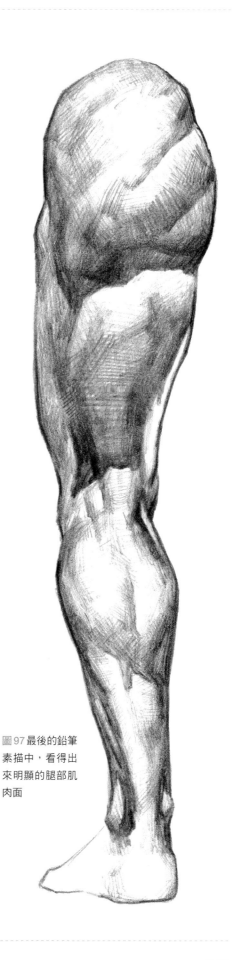

圖97 最後的鉛筆
素描中，看得出
來明顯的腿部肌
肉面

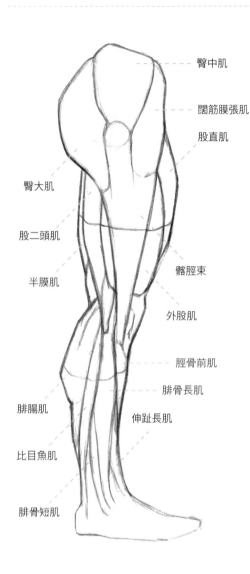

臀中肌

闊筋膜張肌

股直肌

臀大肌

股二頭肌

半膜肌

髂脛束

外股肌

脛骨前肌

腓骨長肌

伸趾長肌

腓腸肌

比目魚肌

腓骨短肌

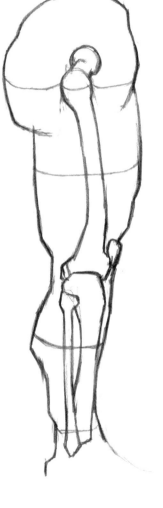

圖98站立時的腿部外側肌肉圖

圖99站立時腿部外側視角的骨頭結構

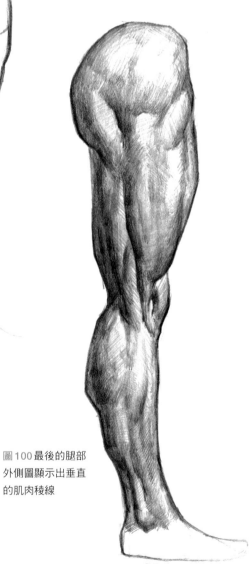

圖100最後的腿部外側圖顯示出垂直的肌肉稜線

腿部外側

圖98和圖99是腿的外側視角。我們可以看見所有的外股肌。**髂脛束**不是肌肉,而是具有補強功能的纖維帶,和臀肌以及闊筋膜張肌連結,覆蓋住大部分的外股肌,並連結到脛骨頭。

我們也可以看見股二頭肌微微向外突出,往腿部後方向下延伸,越過腓骨長肌;腓骨長肌再向下順著小腿外側環繞住腳踝。這些肌肉形成的整體視覺效果是不同尺寸,沿著小腿向下延伸的垂直稜線,在膝蓋和腳踝兩端變細。要注意在你的畫裡是否能夠抓到不同的肌肉尺寸和輪廓(**圖100**)。

屈起的腿

　　圖101和**圖102**的腿屈起幅度很大，讓你能夠看見外股肌上方的髂脛束。腓腸肌也屈起來了，明顯呈現兩塊隆起的肌頭。**圖103**是屈起的腿內部的骨骼位置，以及小腿嵌入大腿下方的型態，如**圖96**呈現的。

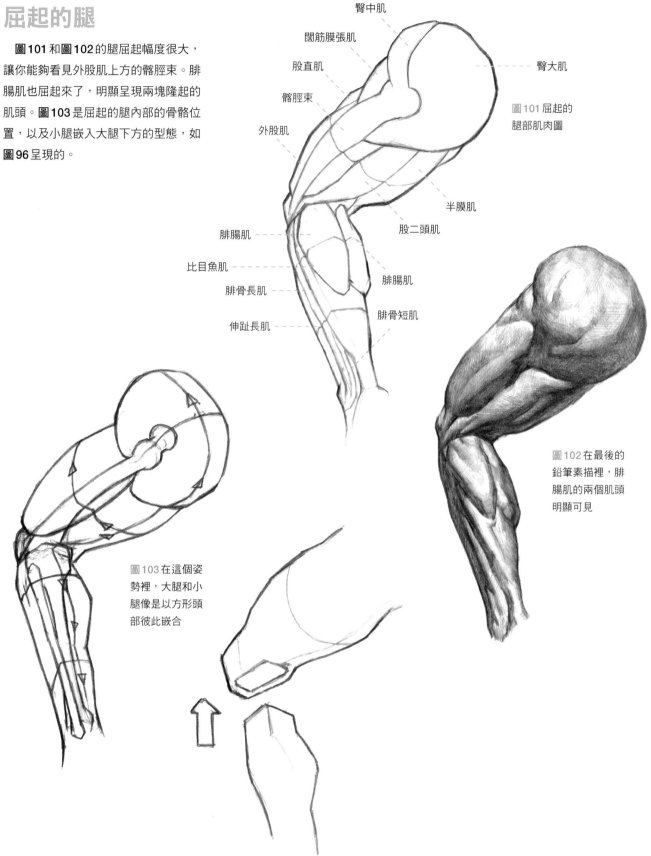

臀中肌

闊筋膜張肌

股直肌

髂脛束

外股肌

臀大肌

圖101 屈起的腿部肌肉圖

半膜肌

股二頭肌

腓腸肌

比目魚肌

腓骨長肌

伸趾長肌

腓腸肌

腓骨短肌

圖102 在最後的鉛筆素描裡，腓腸肌的兩個肌頭明顯可見

圖103 在這個姿勢裡，大腿和小腿像是以方形頭部彼此嵌合

描繪姿態走向

這一頁用一系列不同的腿部姿勢幫助你了解之前提過的某些肌肉如何轉換和變形。關鍵在於你要記得這些姿態走向技巧是重複的。先找到膝蓋，建構出透視，然後替姿態走向加上形體，最後在形體上添加結構。

從正面看伸直的腿

圖104是簡單的伸直的腿。韻律線條建立好之後，就可以加入形體替線條添加血肉，此時就要考慮肌肉的隆起和細部區塊。

從背面看彎起的腿

圖105裡是彎曲的C型線條。膝蓋與觀者反向，所以結構線也會自然而然地朝觀者相反線越來越細。這裡的重疊線條顯示小腿隆起與大腿線條重疊。從另一個角度看，這種重疊現象看起來也許就不一樣了，或甚至完全不存在。

從正面和背面看彎曲的腿

圖106和圖107有很低調的C型彎曲。雖然膝蓋在圖106裡不可見，仍然要留意它的彎曲度，請注意結構線如何改變大腿和小腿的透視。

站立的腿部內側和外側

圖108和圖109的姿態線條比較不一樣，它們呈現的是S型曲線。當描繪比較接近側視角的腿時，姿態線條總是會呈現「S」型，這是因為腿部骨骼。將腳掌繪入你的圖裡，S型會更明顯。

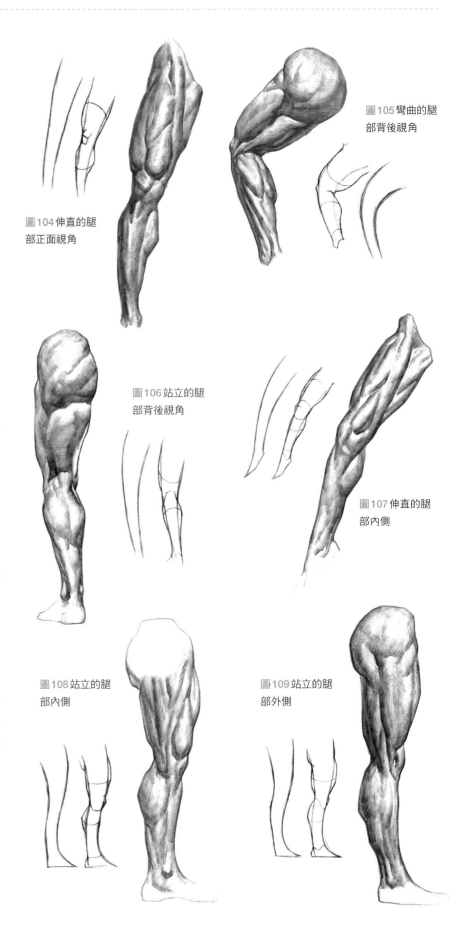

圖104 伸直的腿部正面視角

圖105 彎曲的腿部背後視角

圖106 站立的腿部背後視角

圖107 伸直的腿部內側

圖108 站立的腿部內側

圖109 站立的腿部外側

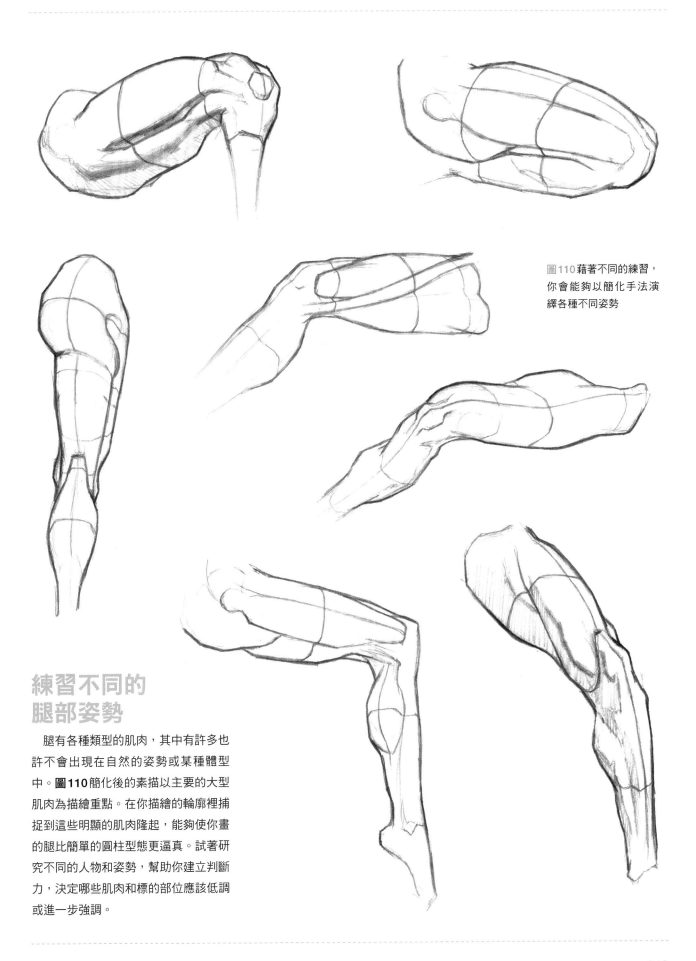

圖110藉著不同的練習，
你會能夠以簡化手法演
繹各種不同姿勢

練習不同的
腿部姿勢

　　腿有各種類型的肌肉，其中有許多也
許不會出現在自然的姿勢或某種體型
中。**圖110**簡化後的素描以主要的大型
肌肉為描繪重點。在你描繪的輪廓裡捕
捉到這些明顯的肌肉隆起，能夠使你畫
的腿比簡單的圓柱型態更逼真。試著研
究不同的人物和姿勢，幫助你建立判斷
力，決定哪些肌肉和標的部位應該低調
或進一步強調。

腳

在畫腳的時候，你可以先將它簡化成楔型，就像門擋或是一塊蛋糕。當然，腳的形狀遠比楔型還複雜，但是在一開始著手畫的時候，這個方法能讓你畫出的腳部透視更正確。

腳的基本結構

圖111 是根據腳畫成的楔形體，腳趾以圓柱狀呈現。這些基本型可以進一步發展成更複雜的結構，如**圖112**。腳趾本身仍然是圓柱形，具有腳趾關節的「隆起」。請注意，腳背是從內側（大拇趾）向外側（小趾）傾斜的，所以腳的厚度並不平均。

最後，**圖113** 是加上陰影的完整素描。請注意畫家用了多少鉛筆線刻畫出形體，許多筆劃都跟著腳的結構線條，表現出紮實的血肉感。這個程度的細節，對捕捉腳步細微輪廓是很重要的。

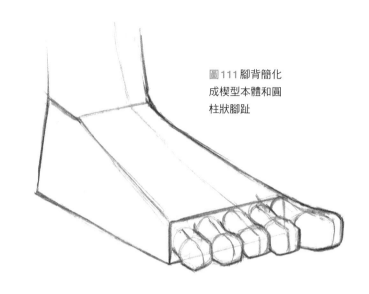

圖111腳背簡化成楔型本體和圓柱狀腳趾

圖112腳背是斜的，並非單一厚度

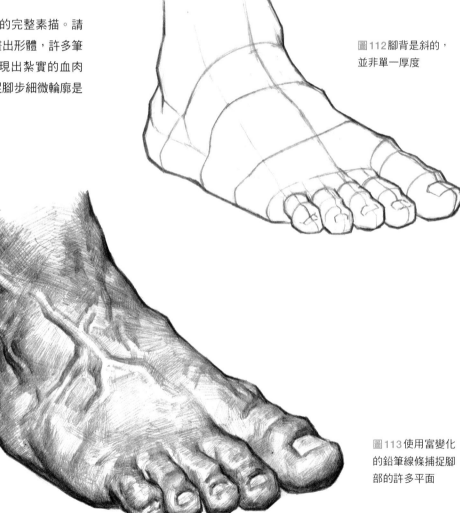

圖113使用富變化的鉛筆線條捕捉腳部的許多平面

麥特・史密斯繪圖

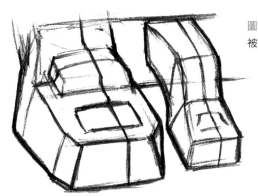

圖114 腳趾可以大致被畫成塊狀體

圖115 塊狀體腳趾再被細部描繪成弧形線條

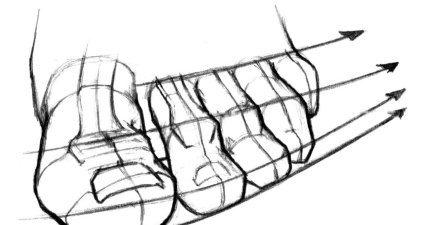

圖116 跟隨這樣的線條能幫助你腳趾定位

腳趾

圖114 是前兩根腳趾的結構簡圖，幫助你將基本的塊狀型態視覺化。接著再細部描繪這些塊狀體，成為比較靈活的圖，如圖115。

在圖116 中，腳趾的結構圖和導引線表示關節的相關排列型態。請注意，比較小的腳趾和大拇趾的趾根起點不同；大拇趾的趾根稍微位於後方。

圖117 是結構素描和一根比較小的腳趾陰影素描。和手指比起來，腳趾尖端比較粗，比較平，不像手指越往指尖越細。

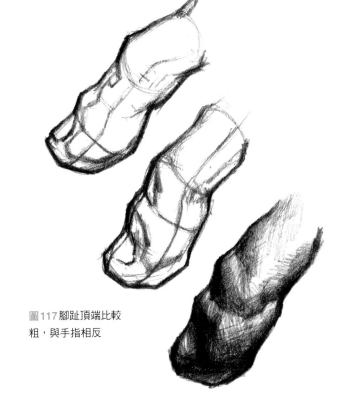

圖117 腳趾頂端比較粗，與手指相反

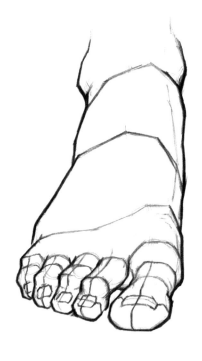

圖118 正面視角
的腳部結構圖

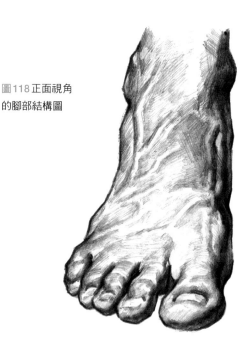

圖119 正面視角的
鉛筆陰影圖

腳的正面

圖118和**圖119**是從正面看的腳,顯示出當它平放時的形狀變化。之前提到過,你要留意圖裡的結構線是從腳的內側以某種角度向外側傾斜而下的。四根比較小的腳趾依序排列整齊,大拇趾的方向則和其他四趾有些區別。

圖120和**圖121**是從上方看伸直的腳,腳趾微微彎曲觸碰地面。左邊的結構圖顯示肌肉往大拇趾的平滑走向。由於四根比較小的腳趾朝與大拇趾不同的另一個方向彎曲,會在陰影圖的趾根處形成微微的凹陷。

你可以在**圖120**裡看見始自大拇趾的交叉輪廓線,止於腳的外側,環繞住小趾。這條線表示第一組腳趾關節產生位置,雖然由於這些關節深深埋在腳內,平常不容易看見。當腳向下彎的時候,這些關節會比較明顯,如右圖所示。

圖120 橫越腳面的輪廓線標示出腳趾的第一組關節

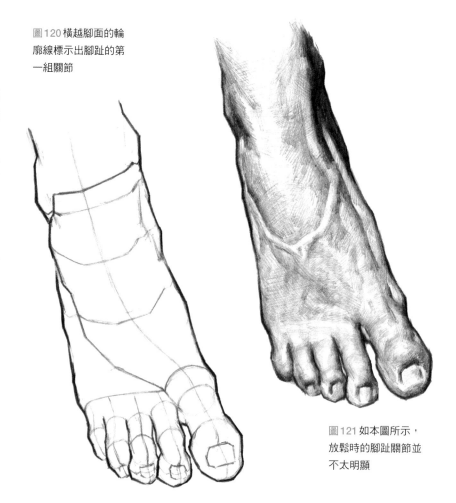

圖121 如本圖所示,放鬆時的腳趾關節並不太明顯

腳的側面

現在讓我們更仔細地看腳內側和外側的各種細節。**圖122**和**圖123**是屈起的腳部內側。在這個角度，絕大部分的腳背和其他腳趾是不可見的，但是仍然得考量這些腳趾的正確透視；請看表示出關節的較短稜線，以及稜線向後展開延伸到腳部外側的狀態。

在**圖124**和**圖125**，腳朝向下方，呈現出外側邊緣。這個視角和內側視角相較，你能看見大部分的腳。腳趾向下彎曲，露出之前提過的隱藏關節，鉛筆陰影圖也進一步描繪出腳背的斜面，和每一根腳趾的骨骼關節隆起。

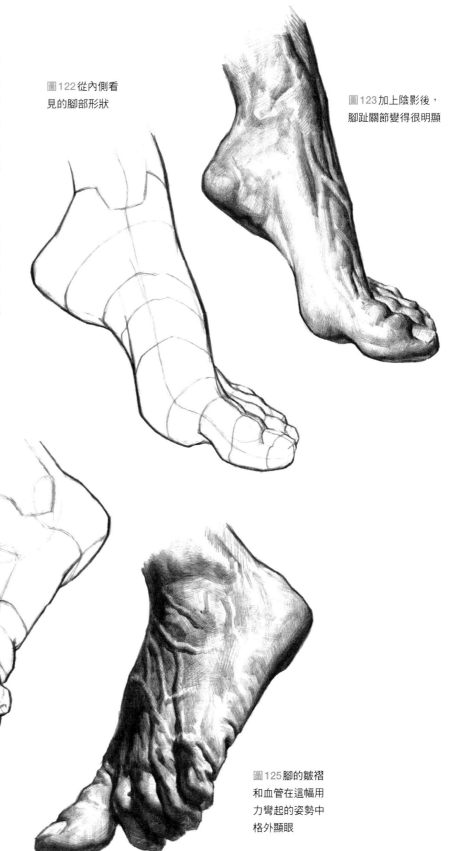

圖122 從內側看見的腳部形狀

圖123 加上陰影後，腳趾關節變得很明顯

圖124 腳的外側，清楚顯示腳趾關節

圖125 腳的皺褶和血管在這幅用力彎起的姿勢中格外顯眼

腳後方和腳底

圖126 是屈起的腳後方斜角視圖，顯示出腳底的凹陷。請注意，腳跟和阿基里斯腱（從小腿後方延伸至腳跟）之間的互動關係，使得屈起的腳部背後產生像是樓梯的特徵。

圖127 是腳底的正視圖。你可以看見這個部位有很多肉墊，特別是大拇趾和腳跟周圍。從腳跟到腳趾的輪廓線不斷變化，尤其是腳心中央有很明顯的凹陷。

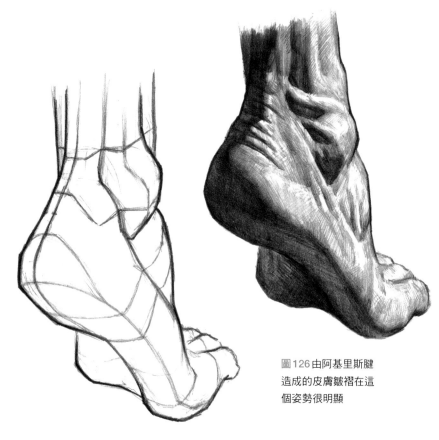

圖126 由阿基里斯腱造成的皮膚皺褶在這個姿勢很明顯

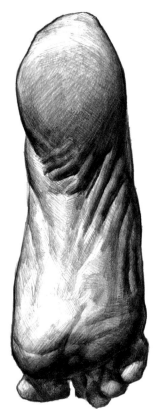

圖127 加上陰影之後，腳底的隆起和凹陷能看得很清楚

腳踝

在畫小腿和腳的時候,永遠要記得內腳踝高於外腳踝。下面的結構圖強調出這個不對稱現象。在畫作中加入這個細節,能瞬間提高任何腿部輪廓的可信度。

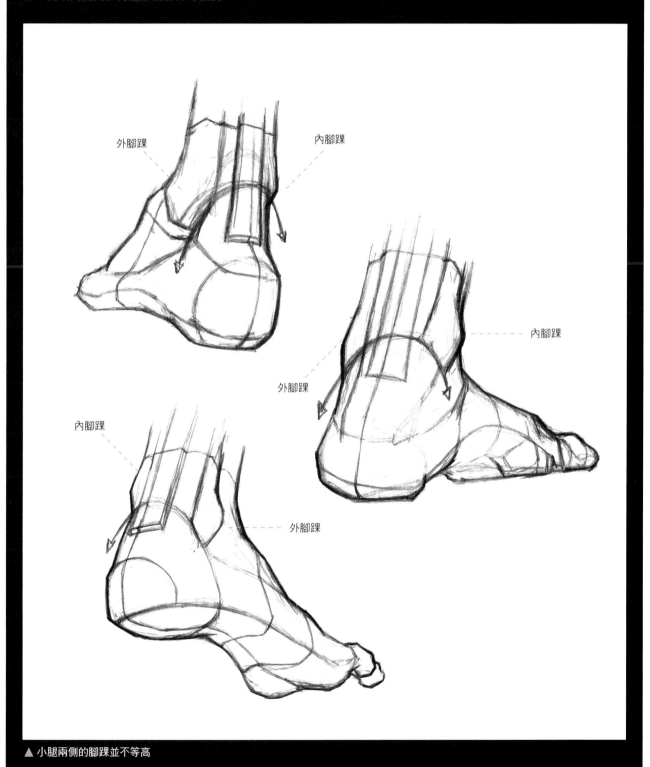

▲ 小腿兩側的腳踝並不等高

姿勢

　　這個單元會減少討論人體特定的解剖部位，而著重在正確畫出整體姿勢的比例，並且將之前看過的元素一起加進來。

　　在畫整體姿勢時，有許多開始著手的方式。有些畫家先從簡單的火柴棒人形開始；有些也許會先勾勒出身體的大塊形狀。這些都是很好的方式，但是這個單元會帶你探索一個由美國畫家兼教學者法蘭克・雷利創造的雷利抽象理論。

雷利抽象理論

　　雷利抽象理論是一種繪畫法則，使用一組具有韻律的線條捕捉形體。圖128裡八個快速的速寫，顯示雷利抽象理論適用於不同姿勢，從基本簡單的姿勢到複雜、具有重疊或透視收縮元素的姿勢。

　　雷利抽象理論的目標在於捕捉人體線條的流動性，進而正確畫出身體主要形體的位置和比例。在這個過程中，你不需要在意精確的輪廓和比較微小的身體細節。

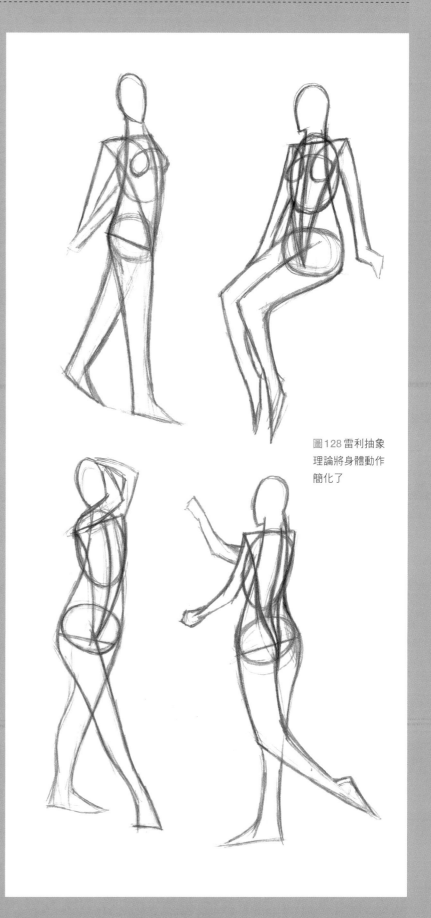

圖128 雷利抽象理論將身體動作簡化了

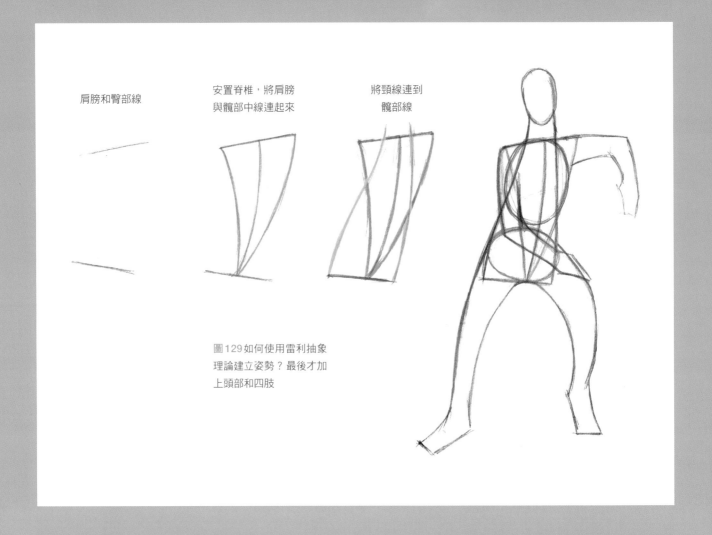

肩膀和臀部線

安置脊椎，將肩膀
與髖部中線連起來

將頸線連到
髖部線

圖129 如何使用雷利抽象
理論建立姿勢？最後才加
上頭部和四肢

如何運用這個理論

運用雷利抽象理論的方法有很多。你可以先畫出胸腔肋骨和骨盆，或是畫出脊椎中線。整套原則只使用三種線：C型線、S型線、直線。在圖129裡，我們會從安置肩膀和髖部角度開始。

接下來是依據脊椎形狀安置中線，在這個例子裡是C型線。下一步，用兩條更彎曲的線條將肩膀線外端點向下連到鼠蹊（脊椎和髖部線相會的點）。無論中線形狀為何，肩膀線都會和它呼應。比如說，這張素描的中線和肩膀線使用三條C型線；你永遠不會用S型肩膀線呼應C型中線，因為它們並不符合身體

的自然形狀。

接下來是兩條延伸的脖子線條，向下接到髖部線兩端。在這個不對稱的姿勢裡，這些線條包括左邊的一條S型線條和右邊的C型線條。如此便創造了軀幹外框。

接著使用簡單的線條加入腿、手臂、頭部。使用兩個橢圓形表示骨盆和胸腔。在某些例子裡，比如這個姿勢，你可以延長頸部和髖部之間的韻律線條，直到雙腳。現在我們有了概略的人形。

如果你對於安置抽象線條有困難，就可以找一張參考照片，用描圖紙描出照片裡的人體線。然後就只剩下不斷練

習，直到你能夠將這些韻律線條運用在真實或想像中的人體上（圖130）。

在動作裡
運用這個理論

這個單元接下來的部分（圖131和之後）會示範給你看如何使用雷利抽象原則建立簡單的人形，如何替簡單的人形基礎加上肌肉成為最終畫作。每一幅習作中也有解剖構造分析，使用了本章稍早介紹過的手法，給內部肌肉提供參考重點。

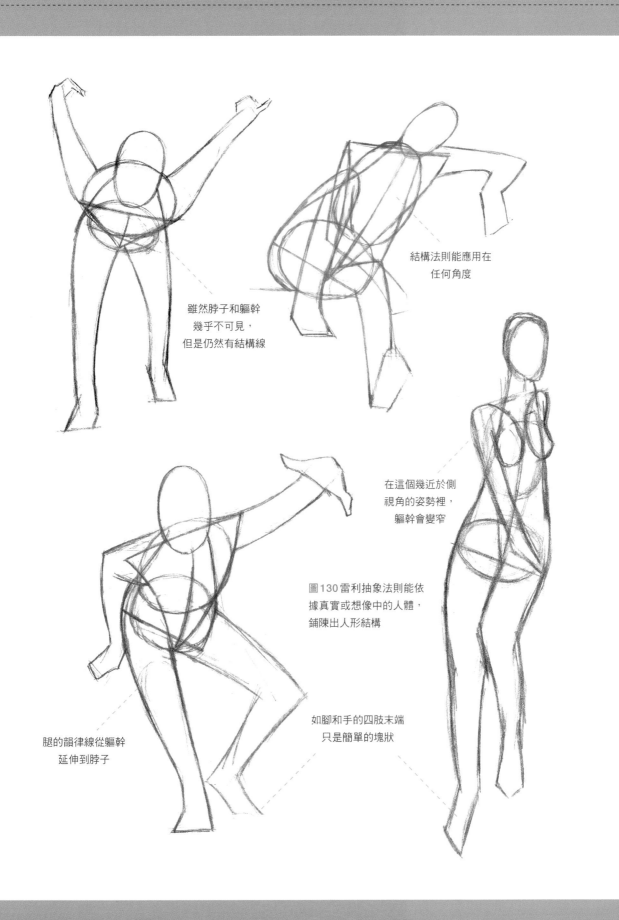

雖然脖子和軀幹
幾乎不可見，
但是仍然有結構線

結構法則能應用在
任何角度

在這個幾近於側
視角的姿勢裡，
軀幹會變窄

圖130雷利抽象法則能依
據真實或想像中的人體，
鋪陳出人形結構

腿的韻律線從軀幹
延伸到脖子

如腳和手的四肢末端
只是簡單的塊狀

圖131 先畫出基本的雷利抽象線條

圖132用輪廓加上深度

圖133姿勢的肌肉分解圖

從正面看坐著的女人

這幅坐著的女人習作用了二到三小時完成。如圖131，基本的姿勢型態是C型弧線，其他所有元素都是跟著那條C型中線建立的，使用了C型弧線、S型弧線以及直線。

建構形體

在完成初始素描之後，就可以逐步加入三維立體元素，但是仍然只用基本結構線（圖132）。這時要比較著重在身體輪廓，以重疊線條畫出一個形體位於另一個形體之前的感覺。例如，在身體右方畫出與手臂線條重疊的胸部肌肉線條，表示手臂位於胸部線條之前。認知到身體某些部位彼此重疊的狀態，能夠幫助你替畫作增添實體感、可信度以及複雜度。

在小腿、肩膀、身體側面加上更多實體感，可是身形仍然保持簡單。你也可以加入一些交叉線輪廓，使身體看起來更立體，並且幫助你釐清四肢的角度和透視。這些手臂和腿部的線條能夠標示出角度的變化。

圖132裡已經開始加入代表骨盆的盒狀結構了。不過這並不是繪製過程必要的步驟，而是幫助呈現這個姿勢裡的骨盆透視。骨盆常常被誤畫為與脊椎呈90度的直角，使結果看起來僵硬又不自在。

▲ 圖134 最後完成的鉛筆習作

建立解剖架構

　　當身體的抽象構造就定位之後，你就可以開始描繪最後的人體了。假如你畫的是很困難的姿勢，如圖133的解剖示意圖會是很有幫助的參考資料。畫畫時永遠要記住解剖構造，了解正確的解剖構造對於創造出具有可信度的作品非常重要。如果有某個模稜兩可的形狀讓你糾結，對解剖構造的認識將能幫助你為人體加上實體感（圖134）。

坐著的男人側視圖

這幅肌肉發達的模特兒習作使用了三個小時——這樣的體型極適合人體解剖繪圖。習作的視角是側面視角,所以需要調整一下雷利理論。

應用雷利理論

我先在圖135裡畫好中線和肩膀線,你可以看見頸子到髖部的線條改變了:雖然你仍然能在最終速寫裡看見頸子到髖部的線條走向,它卻不能幫助我建立形體。在這個姿勢中,頸子的延伸線是向前連到骨盆前方的。

加上肌肉輪廓

圖136裡,重疊的輪廓線幫助表現出三角肌和前臂是位於二頭肌之前。同樣地,背部線條也位於右手臂之前,小腿在大腿後方。一開始,這些線條看似沒有很大的貢獻,但是它們會賦予人體決定性的實在感,以及在空間中確實的互動關係。

了解肌肉群(圖137)能幫助你替模特兒的肌肉加上陰影。如同之前提過的,要隨時記得畫作裡人體內部的解剖結構,如此你就能將那些知識結合雷利抽象原理,創作出比例完美,解剖構造又寫實的畫(圖138)。

圖135畫出基本的雷利抽象線條

圖136用更多輪廓加上深度

圖137姿勢的肌肉分解圖

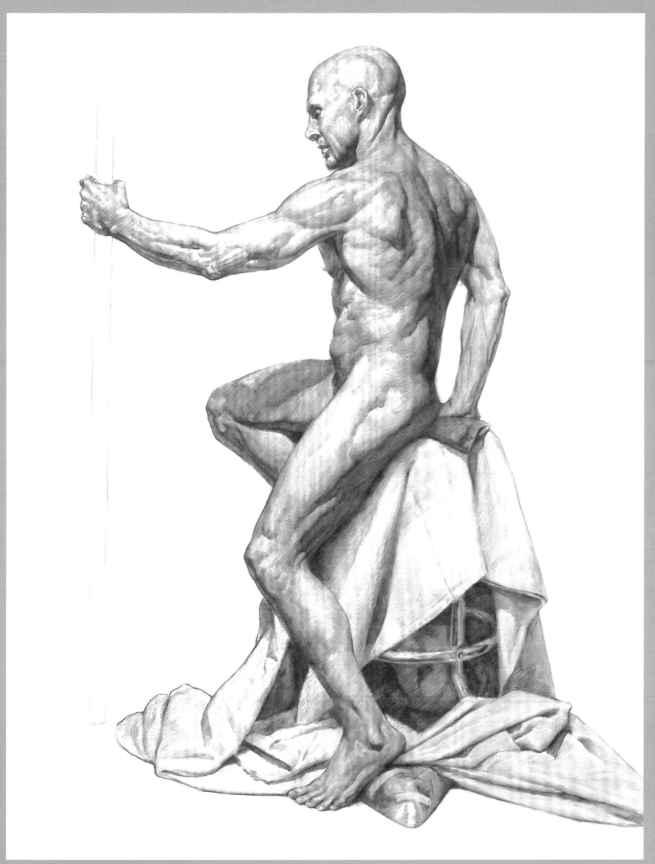

▲ 圖138 最後以鉛筆加上陰影的人體習作

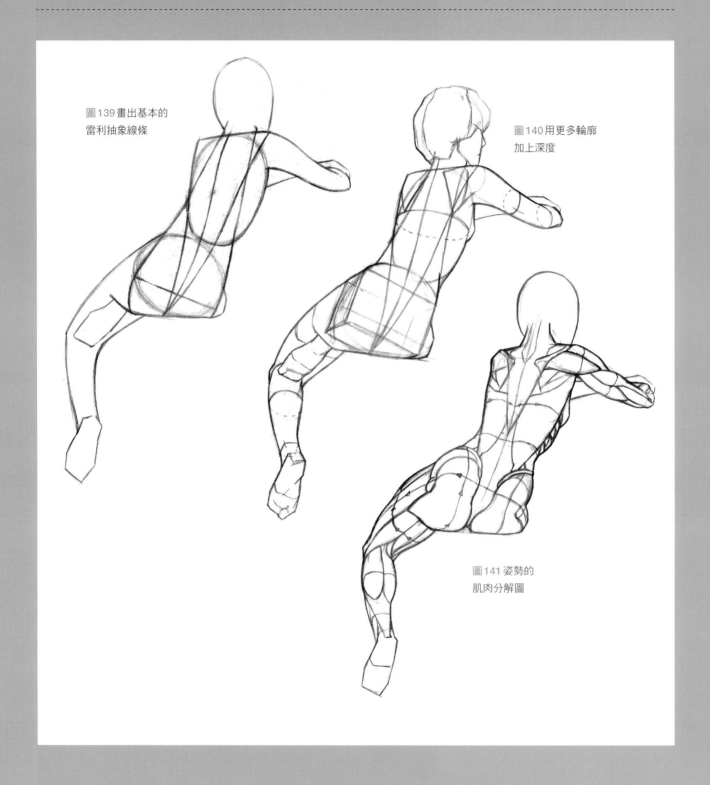

圖139畫出基本的
雷利抽象線條

圖140用更多輪廓
加上深度

圖141 姿勢的
肌肉分解圖

坐著的女人後視圖

這張女性背部坐姿習作在兩個半小時之內完成。胸腔和骨盆造成的身體扭轉在這個姿勢裡形成S型曲線。如同之前幾張習作，第一個步驟是保持簡單，使用流暢、有韻律的線條（圖139）。

在圖140裡，你可以看見重疊的輪廓線幫助釐清骨盆和胸腔，將骨盆向前推，朝觀者方向傾斜。由於需要表現雙腿的輕度透視收縮現象（參見151頁），可能會比較難畫。這時候紮實的解剖知識就很重要了，能夠讓你抓住身體從不同角度看時（圖141），形成身體輪廓的肌肉隆起和凹陷。軀幹和骨盆的方向差異可以在圖142裡看得更清楚，你可以看見軀幹上半部和下半部的受光程度不一樣。

▲ 圖142 最後以鉛筆加上陰影的人體習作

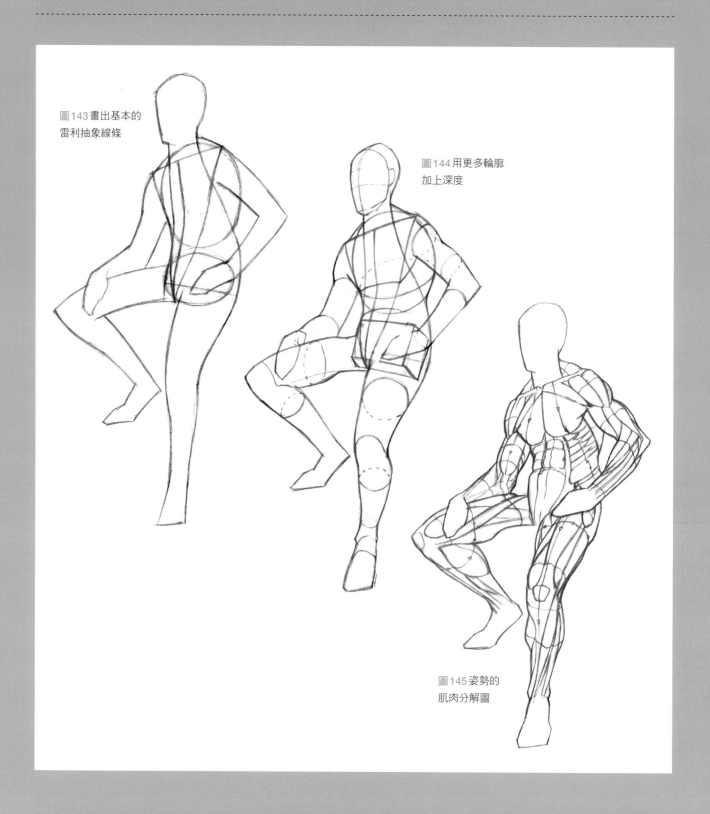

圖143畫出基本的
雷利抽象線條

圖144用更多輪廓
加上深度

圖145姿勢的
肌肉分解圖

坐著的男人正視圖

最後這張雷利理論習作讓我們再複習一次目前討論過的內容，先從簡單的韻律線條開始（圖143），然後根據透視和方向替線條加上實體感（圖144）。接著再利用對解剖和肌肉的認知（圖145）畫出最後的作品，賦予人形（圖146）寫實感。隨著重複練習，你會真正了解這個過程，將雷利原理應用在任何人體上，無論是根據實際或是想像的人體作畫。如果你一剛開始畫錯了，千萬別洩氣，因為只要持續練習和觀察，最後終能畫出一流的作品。

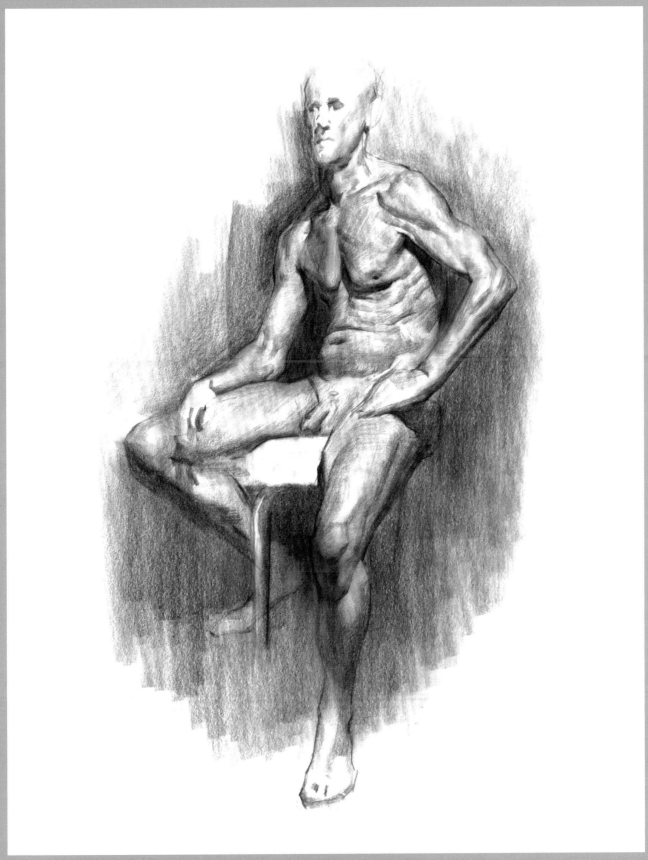

▲ 圖146 姿勢的肌肉分解圖

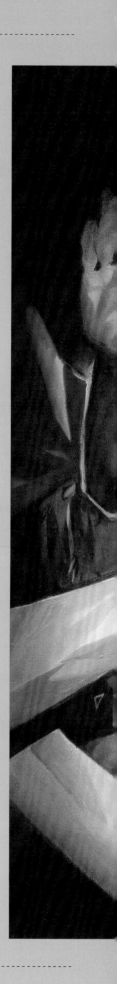

應用基礎的實例……

工藝

蓋博勒普斯

工具：油彩及帆布

「我畫這幅油畫的動機是想要畫一些和我平常的商業作品不同的畫。在當時，我覺得自己就像機器人，所以腦中開始描繪這個動態和靜態兼具的人體。最後的結果是一個像是正在跳躍的身體，雙手卻擺出對比強烈的精確手勢；在我的腦子裡，這就代表『工藝』。

我拍了很多照片，確保手邊有足夠的參考資料，並且幫我釐清軀幹的肌肉形狀。我畫人體的時候喜歡參考其他資料裡的形狀，比如書本或甚至鏡子，而不光只是根據人體照片，藉此更了解皮膚下面的狀態。

我首先畫出一幅數位素描來做色彩計畫，然後開始用油彩和筆刷畫畫。用油彩畫畫能測驗耐心和愛。然後我會慢慢地加上對比和層次，從脂肪層比較厚的區域到精瘦的區域，先以少數中間調性的灰和兩種或三種基本顏色開始。要用寫實的對比效果表現出胸腔和刻骨的許多層次轉換很困難，這時參考資料就成了關鍵。為了讓繪畫過程保持組織性，最飽和的色彩、背景細節、以及人形的邊緣光都是最後才加上去的。」

數幅習作和速寫

安南・拉達克里施南

工具：鉛筆、墨水筆、混合媒材

A「這兩張跨頁速寫是我在2018年《思想泡泡漫畫節》畫的。無論我到哪裡都會隨身帶著這本塗鴉本，通常只用來發表或是記錄我看到的事物。不過最近它的功能已經越來越模糊，有些隨手塗鴉也漸漸滲透進來。雖然我在這些速寫裡面會把形體畫得比較誇張，這種誇張卻和我根據想像畫出來的作品有很大的差異。

我想我的觀察式速寫是非常寫實的，雖然我傾向於簡化形狀和色調。在我寫生時，腦子裡總是有一個念頭，就是捕捉到相當分量的動作或時間流逝。我總是試著觀察那些斜倚、端坐、或靠在看似靜止或能夠『穩住』物體的平面上的人們。當我們在教室以外的地點捕捉人體動作時，這是很有幫助的作法。」

A

B這幅畫取自我名為《正方形》的速寫簿系列。我想在有些個人作品裡探索奇怪和荒誕之間的分界線，這張圖就是其中之一。我的動機之一是發掘形狀設計，用推或拉的方式塑造解剖形體，直到它們四分五裂。

C這張鉛筆圖稿是取自我最新，還未發表的漫畫小說，與我合作的作家是藍V（ram-v.com）。這本書的主題包括驚悚、爵士樂、變形的身體部位。與我大部分作品不同的是，我在這本書裡保持了相當程度的「現實」，所以當其中出現了脫離現實的畫面時，誇張的效果非常驚人。

B

繪圖 ⓒ 安南 RK

C

《欸，你看那個》
彼得・波拉克（阿普特勒斯）

工具：Adobe Photoshop 和 Corel Painter

「當我繪製個人作品時，常常只有一張臉，沒有特定的計畫。我會依據在那張臉上看到的表情發展故事和構圖，試著猜想是什麼原因導致如此的表情。在這幅畫裡，我的注意力放在女人的眼睛，看起來既關注又興奮。她的後方有另一個人物，我把位置故意安排成彷彿他也透過同一隻眼睛觀看。

我除了想要開心畫畫之外，最理想的狀況是同時學到或嘗試一點新東西。男性人物有一些不尋常的解剖特徵必須考慮——他有六根手指，還有從手臂變形而成的翅膀。手畫起來很容易，只要在食指和小指間畫三根手指，而不是平常的兩根。

翅膀的解剖構造由鳥翅和人類手臂混合而成。中指很大很長，和第四指黏合在一起，提供主要結構。第五指變形成爪子，食指和拇指看起來還是像人類的手，給畫面增添令人不安的氣氛。」

繪圖 ⓒ 彼得・波拉克

詞彙一覽

環境光線
場景中柔和，非方向性的光源，彷彿來自陰天的自然光。亦參見**擴散光**。

相似色彩
在色環上彼此緊鄰的顏色，比如藍色，藍綠色，綠色。

環境透視
由於空氣中的光線分散開來，使遠方物體看起來比較蒼白模糊。也叫做「空氣透視」。

反彈光
光線自鄰近表面彈射到物體形成的光效，也叫做「反射光」。

投射陰影
由物體阻擋光源形成邊緣銳利的陰影。

色彩協調
意指色彩組合的理論和使眼睛感到悅目的色盤。**補色**、**相似色**、**三等分色**組合是常用的色彩協調組合。

色盤
一幅畫作裡使用的顏色，尤其是指刻意選來創造特定效果的顏色。

補色
在色環上居於相對位置的對比顏色，比如紅色和綠色。

構圖
安排畫面元素的過程，或是這個過程產生的結果。

對比
藉由在畫面中配置不同或對比元素呈現出的效果，如光線和陰影、強烈和柔和。

本影
陰影最深的部分。

擴散光
由於環境元素或物體的霧面表面質感，而變得柔和或分散的光。

視覺焦點
又叫做「興趣焦點」。畫面中刻意吸引住觀者注意力的區塊。

透視收縮
朝向觀者的物體，由於透視效果使它顯得比較短。

形體
畫裡具有形狀或體積感的物體

姿態走向
捕捉主題形體、姿勢或動作的簡單速寫。

黃金比例
量測畫面「完美」比例的數學公式。

灰階
包含黑色、白色、灰色的一系列單色調陰影（或是一幅使用這些顏色的畫面）。

半調
在一系列明亮度中，介於明亮和黑暗中間的調性。亦參見**中間調性**。

高調光
平均照明的光線設定，沒有強烈的對比或很深的陰影。

高光
被照亮的物體上最明亮的區塊。

色相
顏色的基本類型或種類，如紅、藍、綠。

主光
畫面中的主要光源。

固有色
物體不受光或沒有外在光源影響時原本的顏色。

低調光
呈現出戲劇化對比和以深色調性為主的光線配置。

中間調
既不明亮也不陰暗的調性範圍。

負面空間
畫面中圍繞著物體，物體與物體間的「空白」空間。

透視
物體離觀者越遠就越小的視覺效果。

平面
有角和邊的平整表面。

戶外

在室外繪畫，一種以觀察作畫的形式。
來自法文 plein air（「露天」）。

原色色相

無法由混合其他色相得到的三種色相之
一（藍、紅、黃）。

比重

畫面中不同尺寸的區塊或物體之間的相
對關係。

渲染

藉著添加細節、質感、陰影、混合技
巧，使畫面效果更完整。

邊緣光

光線照亮物體邊緣，形成的細窄輪廓光。

飽和度

顏色的濃烈和純粹度。

二次色相

由混合兩個**原色**而成的色相。

暗度

用黑色使色相變暗的結果。

陰影

畫面中比較深或最深的調性，或是由於
物體背向光線、被阻擋無法接收到光線
時產生的深色區塊。

三次色相

由混合**原色**和**二次色相**得到的色相。

概念小圖

非常小的草圖，以迅速找出概念或構圖。

明度

用白色使色相變得明亮的結果。

色調

以灰色混合一個色相的結果。

三等分色

色環上位於三角形頂點的顏色，例如橘
色、紫色、綠色。

明暗度

畫面的明亮和陰暗程度，最亮的是白
色，最暗的是黑色。

消失點

以透視法繪圖時的一個點，畫面會朝向
那個點漸行漸遠。

明暗變化

畫面中最亮和最暗的調性差別程度。

視覺重量

物體的視覺衝擊力或重要性，取決元素
包括物體的尺寸、顏色、明暗度、以及
與畫面中其他物體的關係。

本書的畫家們

馬里歐・安格 Mario Anger

馬里歐・安格是一位角色設計師，目前任職於視覺引擎設計公司 Engine Design Inc.，作品包括《蜘蛛人：返校日》、《侏儸紀世界：殞落國度》、《捍衛任務3：全面開戰》以及《權力遊戲》。
artstation.com/marioanger

吉爾・貝洛伊 Gilles Beloeil

吉爾・貝洛伊自2007年以來，擔任育碧娛樂公司 Ubisoft Montreal 的資深概念設計師，參與專案包括《刺客教條》和《榮耀戰魂》系列遊戲。他也是網路學校CGMA的師資之一。
gillesbeloeil.com

希爾薇亞・邦巴 Sylwia Bomba

希爾薇亞・邦巴是電影和電玩界的藝術指導。她的合作對象包括華納兄弟、漫威漫畫工作室、CD計畫、迪士尼，以及電影《梵谷：星夜之謎》和《性事都問她》。
sbomba.com

喬書亞・凱洛斯 Joshua Cairós

喬書亞・凱洛斯是西班牙插畫家和概念設計師。他曾為迪士尼、傳奇影業、網飛公司工作，並參與《權力遊戲》、《星際大戰》、《魔戒》系列電影。
arstation,com/joshuacairos

羅貝托・F.・卡斯楚 Roberto F. Castro

羅貝托・F.・卡斯楚是經驗豐富的概念設計師和影像建築師，曾參與的作品包括《復仇者聯盟3：無限之戰》、《星際大戰八部曲：最後的絕地武士》、《小飛象》、《奇異博士》、《星際異攻隊》。
robertofc.com

賈可布・鄧肯 Jacob Duncan

賈可布・鄧肯任職於動畫領域，大部分為視覺發展和色彩計畫，偶爾從事插畫工作。
jacobduncanart.com

瑪堤娜・法琪柯娃 Martina Fačkvá

瑪堤娜・法琪柯娃是來自斯洛伐尼亞的自由插畫家，專門創造想像出來，並且極為寫實的畫面，客戶包括威世智 Wizards of the Coast 和 R・塔索利安遊戲公司 R. Talsorian Games。
martinafackovaart.com

瑞塔・佛斯特 Rita Foster

瑞塔・佛斯特使用的媒材是石墨筆和有色的繪畫表面。她使用某種交叉線條技巧，使線條纏繞成三維立體物件。她最喜歡的主題是人體。

facebook.com/ritafosterart

蓋博勒普斯 Gaboleps

蓋博勒普斯自從2005年以來一直在創意領域工作。他現在是自由插畫家和電影、廣告、電玩界的概念設計師，也是業餘油畫家。

artstation.com/gaboleps

伊莎貝・加爾蒙 Isabel Garmon

伊莎貝・加爾蒙是學院科班訓練出身的傳統畫家，喜歡創作多彩、富有表達性筆觸的作品。她除了按委託案之外，也在自己的工作室教學。

isabelgarmon.com

利納特・哈比羅夫 Rinat Khabirov

利納特・哈比羅2015年時畢業於史迪格里茲藝術與工業學院畢業，主修平面設計。他目前任職於技勝電腦動畫學院（Skills Up School of Computer Graphics），空閒時也是自由插畫家。

artstation.com/rinat_khabirov

馬克辛・寇澤尼可夫 Maxim Kozhevnikov

馬克辛・寇澤尼可夫從巴沙迪那藝術中心學院畢業，擁有娛樂設計學位。他曾在插畫與電玩領域工作過，如今從事電影概念藝術工作。

artstation.com/graphmaximus

羅倫佐・藍富蘭寇尼 Lorenzo Lanfranconi

羅倫佐・藍富蘭寇尼是自由環境概念和背景設計師，合作過的客戶包括史詩遊戲公司Epic Games、西方工作室West Studio、塔台實驗室Tatai Lab、太陽創意工作室Sun Creature、網易NetEast等。

artstation.com/lorenzolanfranconi

尚・雷易 Sean Layh

尚・雷易是住在墨爾本的多重領域視覺藝術家。他的作品包括油畫、炭筆、數位媒材。尚專門創作一系列敘事為主的作品，探討轉變、搜尋以及失去等主題。

seanlayh.com

瓦蕾拉・路特芙琳娜 Valera Lutfullina

瓦蕾拉・路特芙琳娜是來自俄羅斯的自由插畫家，專業經驗包括替電玩和桌遊創作的概念藝術和插畫，客戶包括派佐出版公司 Paizo Publishing 和威世智公司。

artstation.com/jortagul

愛蕊斯・瑪迪 Iris Muddy

愛蕊斯・瑪迪是住在森林深處池塘裡的生物，也是自由視覺發展、概念、插畫家，工作領域包括電玩和動畫，對說故事、大自然、探險特別感興趣。

irismuddy.com

查理・畢卡 Charlie Pickard

查理・畢卡是純美術畫家和學院繪畫教師，被收藏的作品遍及全世界。他目前在倫敦居住和工作。

charliepickardart.com

彼得・波拉克（阿普特勒斯）Peter Polach（Apterus）

彼得・波拉克是自由插畫家和概念設計師，專精於所有既可怕又多彩的東西，致力創作與奇幻、科幻、驚悚有關的插畫，大部分是為了圖卡遊戲創作。

artstation.com/apterus

史丹・普洛柯本克 Stan Prokopenko

史丹・普洛柯本因為教授人體素描而舉世知名。他教過工作營和畫室課程，還教過上千支網路課程。他的教學宗旨是使美術教育寓教於樂。

proko.com

安南・拉達克里施南 Anand Radhakrishnan

安南・RK 是來自印度孟買的視覺設計師。他的作品不拘一格，混合了插畫、傳統繪畫、素描塗鴉、漫畫。他目前正在進行第二本圖像小說、寫作、以及其他個人作品。

behance.net/anandrk

安德烈・利亞伯維契夫 Andrei Riabovitchev

安德烈・利亞伯維契夫在轉換到電影和視覺特效領域之前的專業是工程學。他參與的作品包括《阿拉丁》、《X戰警：第一戰》、《哈利波特7：死亡聖器》。他目前是自由藝術家。

artstation.com/andrei

戴夫‧松提亞內斯 Dave Santillanes

戴夫‧松提亞內斯是自學畫家，他對媒材的熱情使他獲獎無數，包括第12屆國際ARC藝術展首獎。

davesantillanes.com

艾克賽‧薩爾瓦德 Axel Sauerwald

艾克賽‧薩爾瓦德是電玩和印刷界的概念設計師和插畫家，曾經以位於英國新堡的原子鷹設計公司 Atomhawk Design 一員的身分參與《真人快打11》。

artstation.com/tithendar

康斯坦丁諾斯‧斯肯泰瑞迪斯 Konstantinos Skenteridis

康斯坦丁諾斯‧斯肯泰瑞迪斯出生在希臘，目前於科孚島居住和工作。他目前是自由概念設計師和插畫師，主要是為網易和其他客戶做各種專案。

artstation.com/kingkostasart

麥特‧史密斯 Matt Smith

麥特‧史密斯出生在紐約上州，現在住在聖地牙哥。他創作的藝術以人體為主，是傳統科班訓練出身的藝術家，並任教於瓦茲藝術學院 Watts Atelier。

mattksmith.com

安迪‧瓦許 Andy Walsh

安迪‧瓦許是自由數位藝術家，前後總共約十年的專業經驗，包括電玩領域和偶爾的插畫創作。

artstation.com/andywalsh

潔西卡‧沃爾芙 Jessica Woulfe

潔西卡‧沃爾芙的背景是傳統動畫和概念藝術，現在則為動畫做視覺發展，客戶包括夢工廠、亞馬遜、雲雀公司。

artstation.com/jessicawoulfe

和大師學電繪藝術
Art Fundamentals
────────────────── 2nd edition

出　　　版／楓葉社文化事業有限公司
地　　　址／新北市板橋區信義路163巷3號10樓
郵 政 劃 撥／19907596　楓書坊文化出版社
網　　　址／www.maplebook.com.tw
電　　　話／02-2957-6096
傳　　　真／02-2957-6435
作　　　者／3dtotal Publishing
翻　　　譯／杜蘊慧
企 劃 編 輯／陳依萱
內 文 排 版／洪浩剛
校　　　對／龔允柔
港 澳 經 銷／泛華發行代理有限公司
定　　　價／750元
出 版 日 期／2021年3月

國家圖書館出版品預行編目資料

和大師學電繪藝術 / 3dtotal Publishing
作 ; 杜蘊慧翻譯 . -- 初版 . -- 新北市 : 楓葉
社文化事業有限公司, 2021.03　面 ; 公分
譯自 : Art fundamentals, 2nd ed.
ISBN 978-986-370-258-0（平裝）
1. 電腦繪圖　2. 繪畫技法
312.86　　　　　　　　　109021790